金商道

The positive thinker sees the invisible, feels the intangible, and achieves the impossible.

惟正向思考者，能察於未見，感於無形，達於人所不能。 —— 佚名

大會計師教你

從財報數字
看懂產業本質

Financial Statements

張明輝——著

Contents
目錄

在資訊洪流中 做出正確投資決策

朱士廷

　　現在的世界，面對全球央行不斷的量化寬鬆，已經從低利走向微利、走向負利率，投資人為了取得更高的收益以對抗通膨，進入股市投資已經成為顯學。投資是我們每個人生涯中的重要課題，張會計師在本書開宗明義就提到一個很重要的觀念：會計或許不完美，但可利用當中的有效資訊來讓投資人趨吉避凶。

　　在金融市場上，投資人形形色色，每個人的投資週期、方式、標的都有所不同。隨著產業資訊越來越多，傳遞的速度越來越快，投資人常問到底消息面重要？還是產業趨勢重要？還是財報面重要？如同張會計師在本書提及的，消息面固然是影響股價短期波動的重要因素，但以財報面檢視市場訊息，輔以產業知識追根消息面背後的真相，才是關鍵。一個成功的投資者，必須充分掌握產業知識、財報面、訊息面，才能做出正確的投資決策。

對於市場趨勢與資訊的接受與反應，專業投資機構法人相對一般投資人更專業，所以一般投資大眾若想自行投資，投資的週期勢必要拉長，並設定好投資目的與準則，才有機會在高度波動的股市當中，獲取穩定的投資報酬。長期投資有趨勢投資與價值投資這兩類，本書運用對財報的解讀告訴讀者，不同的財務指標對於這兩種類型投資有不同的重要性。

　　以價值投資者來說，首要看「穩定度」，例如代工業者的營利率、營運規模，大型通路業者的存貨管理，且要在相同產業中比較，而非跨產業。再以銀行業為例，我們在比較銀行放款資產時看 NPL（逾放比）、壞帳覆蓋率，比較獲利能力時看 ROA（資產報酬率）、ROE（股東權益報酬率）、EPS（每股盈餘）。除此之外，本書提醒大家，由於「透過其他綜合損益按公允價值衡量之金融資產（OCI）」有評價損益不認列正式損益的規定，當股票或債券市場激烈變動時，往往會導致損益表失真，是投資人必須留意的數據。

　　對趨勢投資者來說，產業趨勢至關重要，以當前台股熱度最高的 IC 設計產業為例，除了產業展望與營收成長性的比較外，本書特別提到要注意毛利率。從長線來看，IC 設計業者的研發

費用也有預測未來的指引功能，隱含公司是不是有蓄積未來新的成長動能，這些都是很重要的觀念。

在全球低利甚至負利率的大環境下，財務投資是每個人重要的課題，透過本書引領，運用財務指標，定期檢視，透過財報檢測市場訊息的真偽，讀者就可以建立自己的投資秘笈，心有定見，在資訊洪流與波動的股市中做出正確的投資決策，獲取穩定合理的報酬。

（本文作者為永豐金控董事總經理）

解析數據背後的來龍去脈 既廣且深

曾國棟

　　前一陣子好朋友陳忠瑞先生送給我一本大會計師張明輝的著作《大會計師教你從財報數字看懂經營本質》，看完之後覺得很棒，淺顯易懂，分析很到位！不只是給投資股票的朋友看，更適合給企業主或高階管理者參考，藉以訓練從財報中看懂經營本質的能力。

　　個人在 2020 年初籌組了「中華經營智慧分享協會」，邀集了 30 幾位成功的企業家及專業經理人，希望打造一個企業院士分享平台，讓他們有機會將經營智慧分享給成長企業主及高階主管。看了張明輝會計師的書，覺得它是經營智慧的一部分，很希望他來協會幫忙分享，於是透過熱心的陳忠瑞先生安排球敘，引薦了張明輝會計師，他爽然答應了我的要求，沒想到過了兩週，他反過來邀我幫他的新書寫序，誠屬榮幸。

利用假日看了初稿後，赫然發現他不只是在談財務報表，他對 7 大行業的商業模式、經營特性、都瞭若指掌，詳細分析了其商業模式及流程，可以帶領讀者更深入了解 7 大行業的經營模式，如果不是會計師，不太可能涉獵的範圍這麼寬廣，又這麼深入，而且分析條理分明，佐以圖表更容易看懂，大大超越了一般財務書籍的內容。

　　每一個行業因為商業模式不同，都有其經營的特性，都可能各自存在一些隱藏的數據或差異的數據，其實不管是營收、毛利、營業利益、管銷費用、資產、淨利……每個行業財報也都有其不同特性，單看表面數字去做比較高低，其實是不準的，必須了解每一個行業的特性，個別做正確的解讀，才有意義。書中解析了 7 大行業數據背後的來龍去脈，讓讀者更容易對不同的數據有正確的判斷。

　　以我所經營的電子零件通路業為例，非流動的廠房設備資產較小，流動的存貨及應收帳款資產多，負債比率雖然比較高，但流動資產存貨變現容易，不必過度擔心，反而要看的是庫存品質、庫齡的分布狀況、呆料比率、呆帳比率、以及應收帳款背後的客戶信用，如果都是正面的，經營風險就不高。

如果偶爾發現庫存升高，也不一定就是不好，可能是為下一季的新訂單提前備料，或因應零件漲價趨勢而擴大庫存。我常跟銀行解釋，如果看到我庫存升高，負債比率升高，借了比較多錢，八成是好事，表示未來生意有機會成長，營收會增大。

　　財報數字是死的，但解讀就各有巧妙，唯有了解每一個行業的商業模式，才能了解各行業的財報特性，不會過度解讀或解讀錯誤。不管是投資人、財會人員、或是企業主及中高階主管，相信看完本書都會有很大的收穫。

　　我個人也整理了好幾本書，深知必須有很大的熱忱及分享精神，才願意犧牲很多休閒時間去完成一本書，佩服張明輝會計師願意犧牲分享，嘉惠了眾多讀者，共勉之。

　　　　　　　（本文作者為大聯大集團副董事長暨友尚公司董事長）

跨產業分析的集大成之作

安納金

2004 年我幫另一位知名的會計師代課，主講一場三小時的財報分析精華課程，至今記憶猶新。回想當時講解過程非常流暢，學員們聽了也頻頻點頭、互動熱烈，宛如胸有成竹可以迅速上手、直接拿幾家公司的財報來做實際的練習。學員們興致勃勃的著手進行個別公司財報分析實戰演練，開始是順利的、令人驚喜的，彷彿一小時就完全上手的概念！

然而，當將實例運用到多個不同產業的公司之後，開始進入跨產業的公司營運績效比較，便衍生諸多問題。例如：有些公司毛利率、營業利益率看起來都很高，但是 EPS 和 ROE 卻很低；反之，也有不少公司在許多項財務比率上並不起眼，然而 EPS 或 ROE 卻超高！

以公司的經營績效，若再搭配股價表現來看，差異就又更大

了！事實上，當我們試著想要用一套簡單的判別方法（或者說標準化的分析流程）來衡量一家公司的經營能力和績效時，在同質性高的產業之內做比較或許是可行的，然而將此一「制式化」工具套用到當時全台灣 1,400 多家上市櫃公司時，便頻頻產生矛盾的地方、甚至造成誤解。

以上種種問題，不僅容易讓財報分析初學者感到挫折，也讓財報分析的教授者疲於解釋與說明原由，坊間有太多唾手可得簡化版的「財務比率」或「營運績效」資訊，財報分析的定義已經深植一般大眾，形成一種根深柢固的刻板印象。光是要扭轉這些既定印象已經不容易，還要解說一些新的會計準則如何對不同產業造成不同程度影響，老舊而簡化的財務比率分析，勢難以反映目前多變實務投資的需要（例如生技醫療業者的無形資產比重極高，用一般財務比率去評定他們的營運績效，很容易扭曲）。有鑒於此，催生了這一本跨產業類股，分門別類比較的財報分析教戰手冊。

此書直接以台灣常見的 7 大類產業，也是產業特性差異最大的幾個代表行業，從架構上直接分拆開來討論。作者先透過「詳細解說產業本質」，然後再進行「各產業三大報表的特點說

明」、輔以「該產業最具代表性的公司並列比較」的方式，同時達到見樹又見林的成效。個人相當讚揚且認同這是一種最具實用性、不易迷失的財報分析教學方法，是該用這樣的方法取代舊有的一般性財報分析教學了！

此書相較於其他一般財報分析著作的最大亮點在於，作者就陳述各產業本質的部分，採取由上而下（Top-Down）的分析邏輯，看得出一位大會計師對於整體不同產業的廣泛了解；而針對各產業三大報表的特點說明部分，是典型的由下而上（Bottom-Up）分析法，也凸顯出作者大量閱讀跨產業財報、長期的經驗累積，形成了對各產業內部的營運特性有深度的理解，在此書當中言簡意賅、直指核心。

這是我看過的有關財報分析書籍當中，獲得最大樂趣與收穫的一本，也誠摯推薦給您一同共賞！

願善良、紀律、智慧與你我同在！

（本文作者著有暢銷書《一個投機者的告白實戰書》、
《高手的養成》、《散戶的 50 道難題》）

基本面投資人快速升等的武功秘笈

雷浩斯

　　當出版社來電要請我推薦張所長的新書《大會計師教你從財報數字看懂產業本質》時，真是讓我誠惶誠恐，我身為讀者和粉絲，哪有什麼資格講推薦呢？不過既然有機會沾光和搶先閱讀，我當然是不客氣了。

　　我和投資朋友聚會的時候，有朋友問到：「投資新手要怎樣做好獨立思考的工作？尤其一般人對自己工作以外的產業都不理解，要怎麼了解這些眉眉角角？又怎麼從財報中正確解讀？」

　　正巧，當時我正在讀張所長這本書的初稿，當下就告知朋友本書即將出版的訊息，並且建議讀完每個章節，做成筆記，這樣才能體會到這本書給你的助益和成效。

　　基本面投資人最需要的技能就是對「財務報表的解讀」，和對「產業知識的了解」，更難的則是解讀不同產業所涉及的財報

特性。

　　資深的基本面投資高手，往往是靠多年的學習來累積前述技能，這中間需要投入許多的精力和經歷困難的學習曲線。

　　因為這些知識異常珍貴，所以懂這些技能的人不見得會教出去，教也不見得教得好，更不用說寫成書了，所以市面上很少能看到這類書籍。

　　而張所長這本書正是投資人需要的武功秘笈。本書解釋了許多產業的財報特性和箇中要訣：例如投資人熟悉的電子五哥、和我們生活密切相關的通路業和餐飲業，現在熱門的生技產業，複雜難懂的金融和壽險業，和最後的問答篇。

　　投資人將可以透過這本書，快速吸收張所長的多年功力，進一步運用在你個人的投資分析上。

　　如果你是投資新手，對基本會計不夠了解，或者僅了解一部分，我建議你可以每天花 15 ～ 30 分鐘，專心地閱讀一兩頁，持之以恆，目標是花 2 個月讀完本書，當你完成這段修煉後，我相信你對自己的信心將大幅提高。

　　如果你是投資老手，我相信你也會和我一樣收穫良多，我在

看這本書時，會同時找出書中談到的個股報表，並且跟著研究一次，讓自己的印象更深刻。

也因此，在書中我能感受到張所長深厚的多年會計經驗，和他充滿邏輯的思考模式，還有對教學的熱忱。

張所長的前一本著作，我是逢人必推，連帶書中提到的稻盛和夫經營理念，我也以書找書的一併買入，這本新書我當然不會錯過！

我推薦所有的台股基本面投資人，都應該讓張所長的兩本書出現在你的書架上！

（本文作者為價值投資者、財經作家）

產業不同　財報眉角大不同

在本書開始之前，首先感謝讀者們對我第一本書《大會計師教你從財報數字看懂經營本質》的支持。在出版之前，我萬萬沒有想到會獲得市場廣大的迴響，畢竟財報書很生硬，不是一般大眾會涉獵的領域。本書能躍上實體及網路書店的暢銷排行榜，大出我的意料之外。

根據讀者反映認為，該書淺顯易懂，沒有繁雜的公式，讓非專業人士也能看懂財報，讓他們閱讀起來沒有障礙，是理解財報書的入門磚。收到讀者這些回饋內容，讓我非常感動，因為這正是我出版第一本書的初衷，能夠讓讀者有所獲益，就是最大的價值所在。

因為書暢銷了，《商業周刊》希望我本著相同精神，出版第二本書。

第一本書出版後引發部分讀者一些問題，大概分四類。第一

類問題是，當讀者將第一本書的一些觀念運用到其關注的產業時，發現無法合理解釋甚至產生錯誤解讀。例如有某一單位將我認為一般產業負債比率不宜超過7成的觀念，運用到新上市的和潤企業財報上，認為其負債比率偏高、很危險，不宜投資。這是把一般產業的標準誤套用到「準金融業」的結果。又例如2019年，絕大部分實體通路業的負債比率均大幅上揚，引起市場的負評。這是因為新會計原則規定，自2019年起，房租產生的契約負債必須全數估列入帳所致，這項規定讓原本財報數字還算正常的實體通路業，不再能套用一般產業的標準。再例如，一些分析師在2020年4、5月間打電話問我，為什麼新冠肺炎疫情導致股市大跌，壽險公司獲利依然良好？這是因為依會計原則，壽險業大部分的股票投資，在未賣出前的未實現損益，都可以遞延至出售時才承認損益所致。類此種種，花了很多時間回答上述諸多問題，讓我有點疲倦，也萌生想要寫本介紹如何看懂產業別財報的書，讓讀者及分析師能從書中找到產業財報的正確解讀方法。

　　本書的第一部分，我就介紹下列7個台灣較受關切或較容易被誤解的產業財報，告訴讀者這產業的財務報表各有什麼特色，如何解讀，並據以評估其財務狀況及經營績效：

1. 電子組裝業

　　台灣電子組裝業因為毛利率極低，常被媒體及投資人批評。毛利率低固然不好，但是其低毛利的原因，其實大部分可歸因於產業特性。投資人不要忘了，鴻海毛利率雖低，但一年好歹也為投資人賺了約 1,300 億元，是台灣 IC 設計業龍頭聯發科的 6 倍。可以說，營收數字是電子組裝業獲利的關鍵。

2. IC 設計業

　　IC 設計業是半導體業的最上游，也是台灣最具國際競爭力的產業之一。近來在 AI、5G、車用、高速傳輸等用途帶領下，很多股價大漲的個股，如譜瑞、昇佳，都是 IC 設計業中的佼佼者。IC 設計業是投資人討論最多，也最愛投資的產業之一。簡單說，毛利率和研發費用率是 IC 設計業成功的關鍵。

3. 實體通路業

　　實體通路業是毛利率及獲利率最穩定的產業，也是最不受景氣影響的產業，也因此成了股價最牛皮的產業，另一方面，則是不景氣時最好的投資去處。一個具經濟規模的通路商，即使有極高的負債比率與較低的流動比率，也依然能夠自在逍遙。

4. 連鎖餐飲業

採直營店與採加盟店方式經營的餐飲業，其成本與費用結構有很大的差異；受新冠肺炎疫情或其他因素影響的衝擊，反映在財報上，也會有很大的不同。此外，經營精緻餐飲與經營平價餐飲的餐飲業，受疫情或其他因素影響的衝擊，反映在財報上，也會呈現截然不同的樣貌。

5. 生技醫療業

最容易造成股民虧損的股票就是生技股；被不懂生技業的立委或學者批評不應准許其上市的產業，經常就是針對生技業。這是一個容易被誤解的產業，投資生技業可能會大賺，也可能會虧得一文不剩。通常來說，生技業的高股價與財報無關；但是從它們的財務狀況，卻可以幫助我們判斷何時應該逃命。

6. 銀行業

即使是學過會計的人，也大多看不懂銀行業的財報。看不懂的原因，首先是不了解銀行業的獲利模式，其次是銀行業的財報編製準則，從來也不曾站在投資人的立場去思考如何才能讓人看得懂。一般投資人要搞懂這個章節，確實很難！因此我建議，只有不怕艱深、具備耐心及專注的讀者，才來看這個章節。

7. 壽險業

壽險業是所有產業中業務最特殊、最難懂、會計準則也最奇怪的產業。往往大家認為它應該賺了大錢時，它虧了；當大家認為它應該會虧時，它反而賺了；可是，如果讓看得懂壽險業財報的人去研究財報內容，又會得出與財報損益數不同的結論。如果說銀行業的財報很難懂的話，那麼可以說，壽險業的財報就像天書一般，通常只有修仙成功（看懂銀行財報）後，才會有機會成神（看懂壽險業財報）。讀者如您，有想成神的心嗎？

第一本書引發的第二類問題是一些很認真的讀者，從其他公司的財報中，找出一些很重要，但在我第一本書中未曾介紹的會計科目，希望我能解釋其意義，並提點其對企業的影響。例如統一超 2019 年的財報中，資產突然多出一個叫做「使用權資產」的科目，立即成為該公司的第一大資產，占總資產的 35%。再如不久前廣明被美國法院以聯合抬高光碟機價格一事，判處巨額罰款，導致股價大跌，投資廣明受損的投資人便問我：如何才能從財報中及早發現訴訟風險？

第三類問題是在我的演講場合中，一些從事管理工作的聽眾問到一些我認為值得和大家分享的問題。這些問題涉及的層面既大且深，例如：如何從財報中看出經營者的經營品質？何謂結構性獲利能力？如何分辨無形資產的好壞？經營企業最佳的負債比率是多少？

第四類的問題就比較瑣碎了。例如如何從厚厚一本財報中，更有效率的解讀？又如：投資股票，到底是消息面重要？產業知識重要？還是財報內容比較重要？不要誆我（讀者再三強調）！

　　為了避免讀者及聽眾一再問我這些問題，我將這些問題集結整理出來，在本書第二部分的Ｑ＆Ａ中逐一回答。

　　希望讀者閱讀本書後，在投資時有更清晰的投資觀念，管理公司時更加知道重點所在，最後都能賺大錢。

　　另一方面，本書寫作時，承蒙資誠郭柏如及黃哲如兩位會計師多所協助，在此一併致謝。

I

破解
7大產業財報

電子股是台股的亮點和最大支柱
以新電子五哥為首的電子組裝業
常被視為微利產業的代表
這是觀念錯誤所致
觀察此產業必須以營收數字為首要指標

電子組裝業
財報解析

台灣電子業中，IC 設計產業的毛利率相當高，以聯發科為例，其 2019 年的毛利率約在 42%，為股東賺進大約 230 億元。另一方面，電子業最下游的電子組裝業，其毛利率就低得令人髮指，以新電子五哥中毛利率最高的鴻海為例，其 2019 年的毛利率只有 5.9%。但別看它毛利率這麼低，它一年好歹也為股東賺了大約 1,300 億元，股東權益報酬率（ROE）有 9.4%，不遜於其他行業。

我舉這個例子的目的是想要告訴讀者，不同產業的「結構性獲利模式」是不一樣的。所謂「結構性獲利模式」是指，一個產業或一家公司的商業模式，可以讓其穩定且持續的獲得合理利潤。亦即一家公司的常態性收入，扣除成本、費用及所得稅後，如果可以持續獲得適當的 ROE，那這個事業就具有「結構性獲利模式」，可以繼續做下去了。以統一超為例，它在做到 700 家店數以前是虧損的，超過 700 家店面以後，雖然營業利益率大多只有 4% 多，隨著營收不斷增長，靠著巨額營收，它越賺越多，ROE 高達 29.3%。

台灣許多投資者（甚至政府）都迷信毛利率及營業淨利率，認為越高越好。這其實是不懂產業的結構性獲利模式所致。其實靠山吃山、靠海吃海，每一種產業因為賴以生存的商業模式不同，其毛利率及營業淨利率自然不同。所以不同產業間不能以毛利率及營業淨利率的高低來判斷其好壞，只有同產業間不

同公司才適合用毛利率及營業淨利率來判斷其經營優劣。

　　我如果是政府，一定會很感激新電子五哥（鴻海、和碩、廣達、仁寶和緯創），因為它們的每股盈餘（EPS）及 ROE 都不低於金融業（請參閱表 1-1），甚至更高。因為它們的存在，台灣產業才會形成中心及衛星廠結構，保護及支撐數千家台商企業的存在與發展；因為它們在全球各地設廠，讓台灣更國際化，讓低工資的工作離開台灣，但保留了全球各地的高薪職位給台幹，更把獲利貢獻給股東、把稅賦貢獻給政府。

表 1-1　新電子五哥 2019 年之營收、EPS 與 ROE

	鴻海	和碩	廣達	仁寶	緯創
2019 營收	53,428 億元	13,662 億元	10,296 億元	9,804 億元	8,783 億元
2019 EPS	8.32 元	7.40 元	4.14 元	1.60 元	2.40 元
2019 ROE	9.4%	12.5%	11.8%	6.6%	9.5%

資料來源：各公司財報

新電子五哥的商業模式

　　電子業是台灣最大的產業，所生產的產品繁多，且往往相互關聯。例如銅箔是印刷電路板的材料之一，印刷電路板是各式機板的材料之一，機板是各式電腦裝置（包括手機）的主要零件。所以如何將電子產業分類，非常困難。

有一種簡單的歸類法，是將電子業分成原件（例如銅箔）、機構件（例如主機板）及最終產品（例如筆記型電腦）三種。這種分類方法很粗糙，但是可以迅速將每一家上市櫃電子公司加以定位，並確認其商業模式。

依照以上的定義，我們要介紹的電子組裝業就是指，透過買入各種原件及機構件，將其組裝成最終電子產品(如手機、筆電、伺服器)的電子公司。台灣最有名的電子組裝廠，依營業額大小，分別是鴻海、和碩、廣達、仁寶及緯創，又稱新電子五哥。一如國瑞、裕隆、中華汽車是汽車產業的中心廠一樣，新電子五哥在電子業中的角色，就是整個電子產業的最終母廠，雖然這個母廠因為沒有品牌，不像汽車產業中心廠那麼強而有力。

OEM 與 ODM 兩大代工模式

新電子五哥的商業模式，初期大多是為 IBM、HP 等客戶，從事 OEM 或 ODM 的代工服務。

所謂 OEM（Original Equipment Manufacturing），是指製造商受品牌公司（例如 Apple）委託，進行產品的開發和製造，然後將成品交予品牌公司的生產方式。例如全世界很多知名醫材公司像 Omron、Abbott 的血壓器、血糖機等，都是委託台灣或大陸廠商製造的。OEM 目前仍然是台灣大部分中小型製造業的商業模式。

所謂 ODM（Original Design Manufacturing），是指製造商接受品牌廠商的邀請或要求，參與產品的改良甚至新產品的設計工作，以及其後的生產，然後將成品交予品牌公司的生產方式，例如 Apple 每一代 iPhone 的開發都會邀請鴻海參與。

　　能夠由 OEM 廠升級成 ODM 廠，代表公司的研發及技術能力強，使得品牌廠對其頗為依賴，以後被品牌廠換掉的機率也會比較小。台灣一些成功的製造商之所以能成為隱形冠軍，主要就是其技術能力強，能夠在客戶的產品設計或改良之初就參與其中的緣故。

躋身國際組裝大廠的 5 大能力

　　但是，要成為世界級品牌大廠的產品組裝廠，單單強大的製造及設計開發能力強還不夠，世界級品牌大廠還要求為其組裝產品的組裝廠必須具備以下能力：

1. 關鍵零件的提供或建議能力

　　電子業的國際品牌大廠都設有研發中心，從事產品甚至關鍵零件的研發工作，例如蘋果的研發費用約占其營收的 5%，蘋果 A 系列處理器就是蘋果自行設計的。但是一支蘋果手機的關鍵零件很多，例如外殼會影響手機的美感，接頭會影響資料傳輸速度及充電，這些關鍵零件的選擇很重要，一個能夠生產關鍵零件的

代工廠，可以維護品質並且讓生產順暢，是合格代工廠的必要條件之一。所以我們就會看到鴻海及其旗下公司，不光負責組裝手機，還提供諸如軟板、外殼、連接器等零件。

2. 全球組裝能力

　　一個產品在哪裡組裝，必須要考慮不同國家的組裝成本、原材料及成品的進出口關稅及限制、所得稅及營業稅高低、移轉訂價政策[1]。這些都會影響到產品組裝的成本甚至可否組裝。國際品牌大廠基於成本及業務考量，希望組裝廠必須有能力克服這些困難，到其指定的國家組裝產品，這就是五哥們工廠遍布全球的原因。

3. 全球交貨能力

　　國際品牌大廠做的是全球業務，組裝廠必須要有能力將生產出來的產品，即時地送達品牌廠在全球各個國家主要營業處所的能力。其次，很多國際品牌大廠不喜歡管理庫存，組裝廠必須與品牌廠世界各地的倉庫密切聯繫與合作，必要時甚至必須在當地設立發貨倉。這就是五哥在很多國家設立銷售公司，並且與各地獨立的發貨倉公司密切配合的原因。

---

1 指關係企業間交易利潤分配的合理性。

圖 1-1　組裝廠常見的商業模式

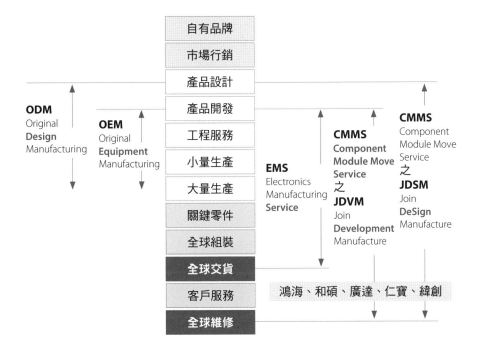

4. 全球維修能力

　　產品保固或維修是品牌公司維護其品牌形象相當重要的工作之一。例如美國的消費者擁有購入後 7 天內退貨的權利，一個包裝完整漂亮的手機或電腦退回來後，通常必須整理並重新包裝後才能重新銷售。另外如果產品受損嚴重，需要高強度的維修等。尊貴的品牌廠往往對於高強度維修這種工作，缺乏興趣或力有未

逮，當品牌廠提出這些需求時，組裝廠必須能夠回應。

5. 全球客戶服務能力

要緊緊抓住品牌廠的代工合約，新電子五哥必須把自己定位為古代貴族身邊的大總管，要隨時了解並解決貴族/主人的任何需要。這些需要包括但不限於：產品規劃建議、共同研發、產能保證及彈性、關鍵零組件的建議及管理、倉儲協調、售後維修等。這樣做下來，新電子五哥已經不僅僅是高科技製造業，其實也是服務業了。

為了要滿足客戶上述的各種要求，並符合全球各地政府的法令規範，新電子五哥需要在許多國家及地區設立研發中心、組裝公司、倉儲及維修公司、銷售或採購服務公司、以及控制上述公司的眾多控股公司。

所以讀者在閱讀五哥財報時會發現，其列入合併報表的子公司少則十數家，多則上百家，公司組織結構複雜，而且彼此間交易似乎也很複雜。於是讀者心中難免會猜想電子五哥是否有做假帳或圖利關係人？

在了解國際品牌的代工廠所必須具備的能力以及服務項目，以及因為跨越全球各地，必須符合各國的諸項稅法規定後，讀者應該可以理解這些組織及交易的必要性。

事實上，母子公司之間或子公司之間的交易及利潤，在編製合併報表時會被消除。例如母公司在 2019 年將成本 80 元的產品以 100 元賣給子公司，只要子公司在同年底前還沒有賣給真正的客戶，這筆交易在 2019 年合併財報上是不會認列的；如果子公司在 2020 年以 115 元賣給真正的客戶時，在 2020 年的財報才會承認這筆交易是成本 80 元及收入 115 元，至於母公司在 2019 年賣給子公司的 100 元價款，則永遠不會被認列。

這就是為什麼了解產業及會計知識很重要，具備這些知識後，你才不用因為組織結構及交易的複雜度而怕看不懂財報，看財報時，也才能真正看到重點之所在。

綜上所述，新電子五哥的商業模式就是透過與品牌廠共同開發先進製程、龐大與彈性的產能、供應鏈管理及全球服務能力來取得訂單進而獲利，其競爭利基如圖 1-2 所示。

圖 1-2　電子組裝廠的競爭利基：賺管理及技術財

產能	產能規模、提高產能利用率，分攤單位成本
研發	滿足客戶設計／開發需求
技術	提高生產效率及產品良率、發展先進製程
整合	整合上游下游、全球資源
管理	供應鏈、生產線、倉儲、物流等管理效率

新電子五哥的財務報表

新電子五哥的財報都長得差不多，本章附錄鴻海的資產負債表（表 1-2）及綜合損益表摘要（表 1-6）供讀者參考。

資產負債表 5 大特色

新電子五哥資產負債表的主要特色是：

1. 應收帳款及存貨金額驚人

因為處於產業鏈最下游，所購買的原材料非常多，組裝後的產品價值都很高，所以五哥財報上的「應收帳款」及「存貨」金額都很高。以鴻海為例，2019 年底，其應收帳款及存貨金額分別高達 10,320 億元及 5,158 億元。

很多不明究理的投資人，一看到新電子五哥的應收帳款及存貨金額就開始擔憂，甚至害怕。但其實，以鴻海為例，如果把應收帳款換算成應收帳款週轉天數，只有 71 天，存貨週轉天數只有 37 天。若再考慮第 4 季本來就是旺季，以第 4 季的營收來計算應收帳款週轉天數的話，2019 年應收帳款的週轉天數，更只有 55 天。

事實上，新電子五哥的客戶大多是國際品牌大廠，應收這些大廠的帳款會產生巨額呆帳的可能性並不高。至於存貨週轉天數

表 1-2　電子組裝廠的資產負債表——以鴻海為例

鴻海 2018~2019 合併資產負債表（摘要）				單位：仟元
會計科目	2019 年度		2018 年度	
	金額	%	金額	%
資產				
流動資產				
現金及約當現金	857,864,362	26	788,662,325	23
透過損益按公允價值衡量之金融資產—流動	2,952,049	-	5,016,365	-
按攤銷後成本衡量之金融資產—流動	52,954,877	1	78,944,139	2
應收帳款淨額	987,278,438	30	1,009,364,152	30
應收帳款—關係人淨額	44,754,604	1	48,172,268	1
其他應收款	67,854,299	2	73,996,367	2
其他應收款—關係人	24,366,543	1	57,705,076	2
存貨	515,772,177	15	625,025,794	19
預付款項	19,895,574	1	19,596,260	1
流動資產合計	2,573,692,923	77	2,706,482,746	80
非流動資產				
透過損益按公允價值衡量之金融資產—非流動	82,660,725	3	74,887	
透過其他綜合損益按公允價值衡量之金融資產—非流動	68,807,217	2	66,634	
按攤銷後成本衡量之金融資產—非流動	12,528,569	-	16,240,740	1
採用權益法之投資	168,631,642	5	160,316,664	5
不動產、廠房及設備	287,523,253	9	277,860,012	8
使用權資產	46,760,340	1	-	-
投資性不動產淨額	4,419,912	-	2,523,963	
無形資產	41,380,353	1	30,357,025	1
遞延所得稅資產	18,701,465	1	16,229,304	
其他非流動資產	15,835,299	1	29,823,088	1
非流動資產合計	747,248,775	23	674,872,681	20
資產總計	3,320,941,698	100	3,381,355,427	100
負債及權益				
流動負債				
短期借款	380,866,050	11	532,315,377	16
應付短期票券	30,528,296	1	19,283,228	1
透過損益按公允價值衡量之金融負債—流動	1,881,685	-	651,426	-
應付帳款	870,678,994	26	905,682,505	27
應付帳款—關係人	35,509,127	1	42,340,749	1
其他應付款	217,732,729	7	228,985,231	7

現金龐大

應收帳款及存貨金額驚人

流動資產遠大於非流動資產

採權益法之投資金額大

會計科目	2019 年度		2018 年度	
	金額	%	金額	%
本期所得稅負債	18,531,289	1	36,400,157	1
負債準備—流動	2,725,293	-	5,652,147	-
租賃負債—流動	7,131,038	-	-	-
其他流動負債	91,876,860	3	38,550,736	1
流動負債合計	**1,657,461,361**	**50**	**1,809,861,556**	**54**
非流動負債				
透過損益按公允價值衡量之金融負債—非流動	-	-	22,835	-
應付公司債	175,505,344	5	178,794,577	5
長期借款	41,576,252	1	36,483,791	1
負債準備—非流動	369,953	-	-	-
遞延所得稅負債	18,261,509	1	14,649,508	1
租賃負債—非流動	20,875,343	1	-	-
其他非流動負債	7,266,519	-	9,109,272	-
非流動負債合計	**263,854,920**	**8**	**239,059,983**	**7**
負債總計	**1,921,316,281**	**58**	**2,048,921,539**	**61**

資料來源：公開資訊觀測站

負債比率高

會這麼低，主要是五哥們從國際品牌大廠將備庫存的壓力丟回給
組裝廠去承受的觀念啟發，而將其原材料庫存的壓力丟回給原材
料供應商啦！這方法雖然廣受惡評，但是卻能有效壓低存貨週轉
天數及可能的存貨呆滯損失，不是嗎？

表 1-3　新電子五哥之應收帳款及存貨週轉天數

2019 年	鴻海	和碩	廣達	仁寶	緯創
應收帳款週轉天數	71 天	55 天	71 天	71 天	55 天
存貨週轉天數	37 天	29 天	46 天	30 天	37 天

2. 現金金額龐大

　　把金融業排除不計，鴻海 2019 年手上的現金高達 8,579 億元，絕對是台灣第一名，這金額實在令人瞠目結舌。但其實因為電子組裝業的成本及費用驚人，8,579 億元的現金其實只夠鴻海 2 個月的營運開銷而已（8,579 億 / 51,436 億〔全年營業活動開支〕/12 個月）。這樣看來，這個嚇死人的金額其實也沒什麼了不起。

3. 流動資產遠大於非流動資產

　　由於流動資產中的現金、應收帳款及存貨的金額實在太大，加上電子組裝業都是向上游購入元件及模組件，再將其組裝為成品，這種生產方式「相對」不需太多生產設備（雖然絕對金額還是很高），就會形成流動資產遠大於非流動資產的現象。這和上游的晶圓代工業需要巨額生產設備的情形剛好相反，二者的差異如表 1-4。

表 1-4　鴻海與台積電之流動資產與非流動資產比較

2019 年	鴻海	台積電
流動資產	25,737 億元（77%）	8,226 億元（36%）
非流動資產	7,472 億元（23%）	14,422 億元（64%）
資產總額	33,209 億元	22,648 億元

4. 採權益法之投資金額大

　　為了掌握技術或投資利益，新電子五哥有的會投資上游的零組件公司，以進一步強化中心衛星工廠體系。以鴻海為例，其採權益法投資的金額約 1,700 億元，重要的轉投資有夏普、廣宇、樺漢、臻頂及鴻準等。

5. 負債比率偏高

　　新電子五哥中，除了鴻海的負債比率低於 60％，其他 4 家都很高，甚至有 2 家超過 75％，看起來很驚人。但如果再從流動比率來看，其中 4 家都達到 120％以上的健康水準，即便流動比率最低的緯創，也離健康水準不遠。

　　流動比率正常的原因在於，電子組裝業的營運資金大多投資在現金、應收帳款及存貨這些流動資產上，由於大部分的資產都是流動資產，讓五哥很容易維持正常的流動比率。

　　負債比率偏高的原因，主要是五哥從事的電子組裝業，位於產業最下游，無論是原材料的價格還是最終成品的售價都很高，這讓其流動資產 (主要來自應收帳款及存貨) 及流動負債 (主要來自應付帳款及其他應付款) 占總資產比率均比其他產業高。龐大的流動負債讓電子組裝業的負債比率欲小不易。而龐大的流動資產，特別是品質良好的應收帳款，以及穩定的業績，讓部分電

子組裝業有能力且願意去向銀行借錢，並承受高負債比所帶來的風險。

其實這就是行業特性，對於新電子五哥，讀者首先要重視的是流動比率是否健康，如表 1-5。對於負債比率，我的建議是不宜超過 80%。

表 1-5　新電子五哥之負債比率與流動比率

2019 年	鴻海	和碩	廣達	仁寶	緯創
負債比率	58%	66%	77%	70%	76%
流動比率	155%	138%	125%	134%	117%

- 應收帳款及存貨因為行業特性，金額非常巨大，但通常都是健康的。

- 讀者首先要重視的是流動比率是否健康。負債比不宜超過 80%。

損益表的 5 大特色

新電子五哥之損益表的主要特色是：

表 1-6　電子組裝業的合併損益表──以鴻海為例

鴻海 2018~2019 合併綜合損益表（摘要）			單位：仟元	
會計科目	2019 年度		2018 年度	
	金額	%	金額	%
營業收入	5,342,810,995	100	5,293,803,022	100
營業成本	(5,026,942,570)	(94)	(4,961,773,118)	(94)
營業毛利	315,868,425	6	332,029,904	6
營業費用				
推銷費用	(30,129,		(32,690,093)	(1)
管理費用	(79,294,289)	(1)	(78,762,853)	(1)
研究發展費用	(91,548,149)	(2)	(84,430,083)	(2)
營業費用合計	**(200,971,539)**	**(4)**	**(195,883,029)**	**(4)**
營業利益	114,896,886	2	136,146,875	2
營業外收入及支出				
其他收入	90,380,254	2	74,415,499	2
其他利益及損失	5,567,450	-	(997,809)	-
財務成本	(66,600,696)	(1)	(55,544,836)	(1)
採用權益法認列之關聯企業及合資損益之份額	19,634,053	-	16,231,713	-
營業外收入及支出合計	48,981,061	1	34,104,567	1
稅前淨利	163,877,947	3	170,251,442	3
所得稅費用	(31,692,859)	-	(40,416,017)	-
本期淨利	132,185,088	3	129,835,425	3

（表中標註：營收驚人、毛利率偏低、營業費用率極低、投資及理財收益多、營利表現尚可）

資料來源：公開資訊觀測站

1. 營收驚人且不能掉

　　2019 年新電子五哥中有 3 家公司的營收超過兆元，而且 5 家公司均名列 2020 年公布的全球營收前 500 大公司之林。營收這麼高的原因，除了公司規模大以外，主因是他們均處於電子產

業的最下游所致。試想台積電的 IC、友達的面板、國巨的被動元件以及廣達的筆記型電腦，哪一項產品單價高？答案當然是廣達的筆記型電腦，因為前三者都是筆記型電腦的零組件。這是電子組裝業營收這麼高的最主要原因。

另一方面，鑑於五哥的產能都很大，導致固定成本偏高，為了避免利潤大幅下降甚至虧損，保持營收的穩定或增長很重要。維持產能利用率因此成為五哥的弱點，且被品牌廠屢次用來降低代工價格。

2. 毛利率偏低

商場如戰場，每一家公司都希望能夠買低賣高，以賺取最大利潤。國際品牌大廠賺取最大利潤的方法，除了抬高售價外，在成本方面主要做兩件事：一是直接指定關鍵零組件的供應廠商，甚至連採購價格都談妥，讓最終代工廠賺很少甚至賺不到主要零組件的價差。二是為代工廠找競爭者，例如蘋果手機的組裝主要是鴻海及和碩，讓兩家公司相互制約。因為這兩個手段，新電子五哥主要只能賺到「管理零組件、組裝產品及全球服務」這三項工作的錢，以致毛利率變得很低。

毛利率偏低其實是一個觀念問題。例如遠東百貨 2019 年的營業額是 1,104 億元，但是依會計原則，遠百對於其百貨公司內廠商設立的專櫃，只能按向專櫃收取的租金（主要依專櫃營業額

×抽佣％）承認收入。這讓遠百財報上顯現的營收從 1,104 億元，大幅下調到 379 億元，有趣的是，毛利率卻從 27% 大幅提升到 52%。五哥的情況剛好相反，五哥財報上是按總額入帳，但鑑於品牌大廠對主要零組件設下種種限制，不願五哥在這方面賺到管理以外的錢，我們如果將這些零組件的成本從五哥的營收及成本中減除，那麼五哥的營收會大降，但是毛利率可能會變成令人滿意的數字。

以上的說明是要讓讀者更了解，電子組裝業的商業模式及毛利率偏低的原因。在真正投資選股時，當然是毛利率越高越好！

3. 營業費用率極低

電子組裝業屬於 B2B 行業，加上產品價格高，讓其營業費用不論是銷售、管理及研發費用率都極低。不過五哥每家投入在以製程及良率為主的研發費用都極驚人，是好現象。

4. 投資及理財收益多

雖然本業只能賺管理及技術財，但因為處於產業最下游，新電子五哥對於中、上游公司的技術及產品了解很深，部分五哥會去投資有潛力的中上游公司，並將其產品推薦給品牌廠採用，除了強化中心衛星工廠體系外，更獲得投資收益。以鴻海為例，其採權益法投資之事業，2019 年共賺得 196 億元的投資收益。

另一項收入是理財收入，部分善於理財的五哥會運用其「大廠」的地位，向銀行借入低利資金，並將之投資在報酬較高的海外理財商品或外匯存款上，藉以賺取利差。這一點甚至導致部分五哥的負債比率虛增，以及出現利息收入大過利息費用的有趣現象。表 1-7 為新電子五哥 2019 年利息收入及利息費用。

表 1-7　新電子五哥 2019 年利息收入及利息費用　　單位：億元

2019	鴻海	和碩	廣達	仁寶	緯創
利息收入	758	360	719	166	201
利息費用	666	321	668	273	273
淨額	92	39	51	（113）	（72）

5. 營利表現尚可

從表 1-8 我們可以看到，五哥們雖然毛利率極低，但 EPS 及 ROE 均尚可的現象。所以我們不能單從產業毛利率偏低就認為這個產業不好。

 投資人 Notes

- 營收是電子組裝業的關鍵數字。營收如果大幅下降，那麼包含毛利率以下的數據一定不好。

- 研究 ROE 時宜考慮負債比率。負債比率低的公司在 EPS 的增長上，會更有潛力。

表 1-8　新電子五哥之毛利率、EPS 及 ROE

單位：億元

2019 年	鴻海	和碩	廣達	仁寶	緯創
營業收入	53,428	13,662	10,296	9,804	8,783
營業成本	50,269	13,212	9,804	9,465	8,361
毛利	3,159（5.9%）	451（3.3%）	492（4.8%）	339（3.5%）	422（4.8%）
營業費用	2,010（3.8%）	282（2.1%）	302（2.9%）	233（2.4%）	289（3.3%）
營業淨利	1,149（2.1%）	169（1.2%）	190（1.9%）	106（1.1%）	133（1.5%）
稅後淨利	1,322（2.5%）	183（1.3%）	163（1.6%）	79（0.8%）	97（1.1%）
2019 EPS	8.32 元	7.40 元	4.14 元	1.60 元	2.40 元
2019 ROE	9.4%	12.5%	11.8%	6.6%	9.5%
2019 年負債比率	58%	66%	77%	70%	76%

IC設計業
財報解析

台灣 IC 設計業名列全球第 2
是台灣最具國際競爭力的產業之一
近年在 AI、5G、車用等趨勢帶領下
開拓出未來更大的發展空間
而為了維持公司的技術競爭力
首要關注 2 個關鍵指標：
毛利率和研發費用率

若以市值來衡量，半導體產業是台灣第一大產業，在我撰寫本書時，單單台積電一家的市值就超過 8 兆，占台灣全體上市公司市值的 1/4 左右，台積電每漲 1 元，台股會漲 8.5點，反之會跌 8.5 點。所以政府護盤時不護台積電，護誰？

根據 IC Insights 的調查報告，台灣有 2 家半導體廠名列2019 年全球前 15 大半導體廠，分別是第 3 名的台積電及第 15名的聯發科，如表 2-1。

表 2-1　全球前 15 大半導體公司（含代工廠）　　單位：百萬美元

2019F 排名	2018 排名	公司	總部	2018 總營收	2019(F) 總營收	變化
1	2	英特爾	美國	69,880	69,832	0%
2	1	三星	南韓	78,541	55,610	-29%
3	4	台積電	台灣	34,208	34,503	1%
4	3	SK 海力士	南韓	36,767	22,886	-38%
5	5	美光科技（Micron）	美國	30,930	19,960	-35%
6	6	博通（Broadcom）	美國	18,189	17,706	-3%
7	7	高通（Qualcomm）	美國	16,385	14,300	-13%
8	8	德州儀器（TI）	美國	14,854	13,547	-9%
9	9	東芝/Kioxia	日本	13,801	11,276	-18%
10	10	輝達（Nvidia）	美國	11,951	10,514	-12%
11	15	Sony	日本	7,715	9,552	24%
12	11	意法半導體（ST）	歐洲	9,619	9,456	-2%
13	13	英飛凌（Infineon）	歐洲	9,210	8,946	-3%
14	12	恩智浦（NXP）	歐洲	9,407	8,857	-6%
15	14	聯發科技	台灣	7,891	7,948	1%
		總計		369,348	314,893	-15%

資料來源：Company reports, IC Strategic Reviews database

這個調查是對的，但失之於粗略，不利於我們介紹 IC 設計業。事實上半導體產業可分為上、中、下游，即 IC 設計業、晶圓代工業及封測業。這三個產業還可以再進一步細分，甚至整個半導體產業還可以因為化學元素、設計及製程的不同而分為三五族及四六族[1]。由於大多數人分不清楚 IC 設計、晶圓代工及封測業的不同，因此以下花一點時間來說明這三個產業的差異。

首先我們把時間退回到 1980 年代以前，當時全世界的半導體工業集中在 IBM、TI（德州儀器）及 Intel（英特爾）等少數電腦公司，這些電腦公司為了自家產品所需的各種晶片，僱用很多 IC 設計人員，IC 設計好後直接交給自家的工廠生產，可以說是自設、自產、自用、自賣。這種公司我們稱之為 IDM[2] 公司。

那麼，如果有人需要更適用於自身產品的 IC 怎麼辦？那只好請 IDM 公司幫它設計並生產，或請人（ASIC 公司）設計，再拿設計圖去請 IDM 公司生產。由於 IDM 公司有自己日常的業務要做，不論在設計上還是生產方面的安排，IDM 公司還是以滿足自己的需求為優先，所以請 IDM 公司代工，通常價錢昂貴、時間也不好掌握。

1　三族、五族指的是化學元素週期表上的 3A 族、5A 族，如鎵（Ga）、鋁（Al）是 3A 族，砷（As）、氮（N）是 5A 族，矽（Si）、鍺（Ge）是 4A 族。
2　IDM：Integrated device manufacturer, 垂直整合製造。

政府在 1980 年設立新竹科學園區後，前後輔導設立聯電及台積電等 IC 製造廠。張忠謀先生為台灣 IC 製造廠設定的商業模式就是代工。也就是不去和當時 IDM 公司從設計、生產到銷售的商業模式競爭，也不去搶 IC 設計業的生意，反而一門心思去滿足 IC 設計業在產能、價格及時間的需求。

而 IC 封測因為在製程上與 IC 製造有很大的不同，也被獨立出去自成一個產業。

「代工」這個定位很重要，因為不從事 IC 設計工作，可以讓 IC 設計業者不必擔心智慧財產被代工廠竊為己用，讓 IC 設計業者能放心的將訂單從 IDM 公司轉到台灣的台積電及聯電。

隨著 IC 運用的越加廣泛，各種功能的 IC 出現，IC 設計公司如雨後春筍般成立。越來越多的 IC 及 IC 設計公司，又為晶圓代工廠帶來更多的業務，於是全球半導體業發生質變，IC 設計與生產分離反而成為主流。

以下是現今全球半導體業的 5 種商業模式。台積電及聯電專事代工生產的半導體公司被稱為 Foundry（代工）的半導體公司，像聯發科這類專事 IC 設計的公司，則被稱為 Fabless（無生產工廠）的半導體公司。

不過 IDM 廠受到 Foundry 廠的競爭影響下，除了四六族外，勢力正在逐漸消退，例如 AMD（超微）數年前將工廠獨立出去成立 Global Foundry（格芯，或譯格羅方德）這家公司，該

圖 2-1　半導體產業的 5 種商業模式

	設計	製造	封裝 / 測試	銷售
IDM（垂直整合） 英特爾	●	●	●	●
Fabless（無廠） 高通 / 聯發科	●			●
Foundry（代工） 台積電		●	●	
Fab-Lite（輕廠） 德儀 / 富士通	●	◐	◐	●
銷售代理 大聯大 / 安富利				●

公司現今是全球第三大晶圓代工廠，而 AMD 自己則轉型成為一家 IC 設計公司。

在代工的商業模式空前成功下，台灣半導體產業上、中、下游均非常成功。三大產業在全球的地位，分別是晶圓代工及封測業均名列全球第一，IC 設計業名列全球第二。

當我們將 IDM 及 Foundry 這些有工廠的半導體公司，與沒有工廠而專事 IC 設計的半導體公司分離後，純 IC 設計的半導體公司排名如表 2-2，我們可以發現，全球前 10 大 IC 設計公司的排名中，台灣就占了 3 家。

IC 設計業的商業模式

IC 設計公司的商業模式可分為 3 種：

表 2-2　2019 年全球前 10 大 IC 設計公司營收排名　　單位：百萬美元

排名	公司	2019 年營收	2018 年營收	YoY
1	博通（Broadcom）	17,246	18,547	-7.0%
2	高通（Qualcomm）	14,518	16,370	-11.3%
3	輝達（NVIDIA）	10,125	11,163	-9.3%
4	聯發科（MediaTek）	7,962	7,882	1.0%
5	超微（AMD）	6,731	6,475	4.0%
6	賽靈思（Xilinx）	3,236	2,868	12.8%
7	邁威爾（Marvell）	2,708	2,823	-4.1%
8	聯詠科技（Novatek）	2,085	1,813	15.0%
9	瑞昱半導體（Realtek）	1,965	1,518	29.4%
10	戴樂格半導體（Dialog）	1,421	1,442	-1.5%
		67,997	70,901	-4.1%

註：1. 此排名僅統計公開財報之前 10 大廠商。

2. 博通僅計入半導體部門營收。

3. 高通僅計算 QCT（手機處理器晶片及通訊數據晶片）部門營收，QTL（專利授權金）未計入。

4. NVIDIA 扣除 OEM/IP 營收。

資料來源：拓墣產業研究院，2020 年 3 月

1. 發展智財

　　設計 IC 的方法有其邏輯架構，有些 IC 設計公司會發展一些在設計 IC 時，可被重用的模組，IC 設計公司透過這些模組來設計 IC，可以省下很多時間，這種可重用的模組叫做矽智財。英國的 ARM（安謀）就是靠授權這種矽智財及出售相應的軟體開發工具給 IC 設計公司來獲利，是這個商業模式中的翹楚。

2. 設計自有產品

就像晶圓代工業不是在製造晶圓（那是環球晶這種公司在做的工作），台灣大部分 IC 設計公司主要的工作也不是為客戶設計晶片（那是 ASIC 業者如創意電子在做的工作），台灣 IC 設計公司的主要商業模式是設計晶片、請 Foundry 廠及封測廠生產及封測後，拿回成品去賣給需要的廠商。這和 Nike 公司設計完鞋子請寶成或豐泰生產後，拿回鞋子自己賣的商業模式是一模一樣的。

所以 IC 設計公司這個名稱，除非本業是做 ASIC（客製化晶片）的公司，否則已經名不符實。聯發科、高通、博通都是這個商業模式的翹楚。

3. 設計客製化晶片

IC 的應用越來越廣，有些非 IC 設計公司基於產品規格，例如特定玩具中的 IC、新型冷氣中的 IC 等，市面上販售的現成 IC 無法滿足其需求，而需要一顆符合其產品規格的特殊規格 IC 來配合。

這種特殊規格的 IC 我們稱之為特用 IC（ASIC），特用 IC 具有品樣繁多、批量少、時間急的特色，從而形成另一塊商機。這塊商機，「真的 IC 設計公司」可以用最短的時間將這顆特用

IC 設計出來。創意、智原主業之一就是為眾多公司設計其獨特的 IC。

近年來 AI 盛行，特用 IC 需求大增，這些公司的股價也就水漲船高，高到高不可攀了。

台灣絕大部分 IC 設計公司的商業模式是第二種，也就是研發自有產品，即便是設計特用 IC 的公司，其營收中也往往有很大一塊屬於自設自銷。圖 2-2 說明台灣 IC 設計業的獲利模式及主要成本。

圖 2-2　台灣 IC 設計業的獲利模式及主要成本

主要收入來源	・販賣所設計 IC 之銷貨收入（絕大多數業者模式） ・代其他業者設計 IC 之服務收入（少數業者模式）
主要成本	・IC 設計成本（帳列研發費用，如果是代人設計，則列營業成本） ・光罩成本（可以想像是模具成本） ・請晶圓代工廠生產 IC、封測廠封裝 IC 及測試 IC 功能等成本（先列存貨，銷售後轉列營業成本）

IC 設計業成功的要素，首先必須要有資金及優秀的人才去從事特用 IC 的開發，而且設計出來的 IC 必須符合中美大國或國際大廠的規格，否則不會被採用。聯發科前幾年業績不佳，據說就是其 4G 高階晶片不符合某國標準所致。

即便開發出符合標準的 IC，也不能停手去坐享專利期間的好處，因為電子業進步的速度飛快，現在的 4G 晶片已將過去，5G 晶片正在興起，而據稱已經有人在提 6G 了。所以我們會發現 IC 設計公司每年都要花費巨額的研發支出，去開發新世代或新應用的 IC。

另外由於 IC 設計公司之間競爭激烈，想要服務好客戶，對於大型的 IC 設計公司，最好的方法是提供客戶全方位的產品，讓客戶一次盡可能購足所有種類 IC，因此我們會發現 IC 大廠間併購頻傳，例如聯發科併購晨星，可以減少競爭並提供客戶面板驅動 IC；併購立琦則可以提供客戶各項類比 IC。圖 2-3 是 IC 設計業的競爭利基。

圖 2-3　IC 設計業競爭利基

對的產品	配合產業趨勢即時推出新一代 IC
提供完整解決方案	提供客戶一次購足的各種 IC
產品符合標準	產品符合中美大國標準及國際大廠規格
併購	減少競爭、加速研發、提供更多產品
優秀人才	IC 是高端且全球性生意，需要高端人才
研發	不斷的投入研發才能即時推出對的新產品

・台灣 IC 設計業總營收名列全球第二大。

・IC 設計業必須不斷投入新產品研發以跟上技術迭代。

・台灣絕大多數業者的商業模式為販賣所設計 IC 之銷貨
收入；少數則為代其他業者設計 IC 之服務收入。

IC 設計業的財報分析

資產負債表的 5 個特色

1. 不動產、廠房及設備比重低

　　同樣是半導體業，因為沒有生產設備及無塵室的投資，IC
設計業在「不動產、廠房及設備」以及「使用權資產」兩個科目
的金額普遍較低，如 2019 年聯發科、瑞昱及聯詠，這方面的金
額都只占總資產的 7％～ 9％之間。相較之下，從事晶圓代工的
台積電，2019 年上述兩個科目即高達總資產的 61％。

2. 現金及長短期投資多

　　IC 設計業只要經營不差，極容易累積現金。原因有二：

　　首先如第 1 點所述，IC 設計業不像晶圓代工業一樣須花費

巨資在價格昂貴的無塵室及設備上，所以賺到錢就真的賺到錢，不用再掏出來了。

其次是配合政府政策賺取利差所致，這是什麼意思？首先要從我們的外貿和匯率政策說起。由於台灣外貿長期一直處於順差，政府為了避免台幣大幅升值，就採取了兩個「不能說的政策」，一是個人國外所得大致在 670 萬元之內（實際數要視個人情況）免稅，二是維持台幣偏低的利率。

雖然企業享受不到 670 萬元免稅這個好處，但大公司可以借 1% 多的低利台幣，轉投資到利率 3% ～ 8% 的海外債券或特別股啊！於是我們可以看到聯發科及瑞昱，一方面手頭上擁有巨額現金及長短期投資，另一方面又有大量的銀行借款，而兩家公司的財務長也不負所託，為公司賺取 10 億乃至數十億元的利率差（讀者可以參閱損益表中之營業外收入及支出的「其他收入」及「財務成本」兩個科目及其附註）。三家公司的現金及理財性長短期投資比重請詳表 2-3。

3. 存貨是罩門所在

IC 設計業的客戶大多是製造業大廠，或是大聯大等電子流通業大廠，所以發生倒帳的機會不大。但如果產品賣不出去呢？遇到這種情形通常就要降價求售了。IC 設計業的毛利率通常在 40% 左右，甚至更高，如果一家公司的毛利率和以前比起來大跌

表 2-3 聯發科、瑞昱、聯詠資產負債科目比較

項目	聯發科	瑞昱	聯詠
現金及約當現金比重	39%	8%	38%
短期投資比重	5%	54%	0%
理財性長期投資（不含權益法投資）比重	14%	2%	3%
借款比重	12%	26%	0%
廠房設備比重	9%	7%	9%
無形資產比重	15%	3%	6%
負債比率	32%	63%	29%
總資產	4,587 億	734 億	469 億

10%，除非有特殊理由，例如聯詠，否則就暗指其產品不對或品質不佳，這時存貨週轉天數也會出現異常。

4. 無形資產占比高

IC 設計業的無形資產大約可分為兩種，一類是為了設計而買入的專利權或專門技術，另一類是因合併所帶進來的專利權、專門技術及商譽。

什麼是專利、專門技術、商譽？舉個例子，假設今天聯發科想要以新台幣 1,100 億元買下聯詠，但聯詠截至 2019 年底的帳面淨值只有約 330 億元，這中間的差額 770 億元在財報上必須有

個去處，於是大家一起要找出聯詠帳上被低估的財產。

假設發現聯詠的矽智財有許多專利，而且其 IC 設計技術有獨到之處，其中專利權值 70 億元，專門技術值 200 億元，其他 500 億元不知擺哪裡，那麼這 500 億元通常就會被歸類為商譽。

在大公司裡，商譽金額通常都很大，例如 Qualcomm（高通）在 2019 年帳上約有 63 億美元的商譽，占股東權益的 128％；Broadcom（博通）在 2019 年帳上約有 367 億美元的商譽，占股東權益的 147％。在 IC 設計業新功能或新種類 IC 不斷出現，讓每家 IC 設計公司的核心獲利能力不斷改變的情形下，這些商譽到底還有多少是存在的呢？只有天知道！

5. 負債比率低

大型 IC 設計業錢多、設備少，除了高通及博通外，其他大型 IC 設計公司的負債比率通常都不高。至於瑞昱負債比率偏高的現象，不如說是一種虛高，因為只要把賺取利差的短期投資收回一部分，還掉借款，負債比率就可大幅降低。

至於小型 IC 設計公司，因為產品線比較單薄，為了預防新產品接不上來時，還要繼續投資在研發費用上，通常也會保持在 50％以下的負債比率。

表 2-4　IC 設計業的資產負債表——以聯發科為例

聯發科 2018~2019 合併資產負債表（摘要）　　單位：仟元				
會計科目	2019 年度		2018 年度	
	金額	%	金額	%
資產				
流動資產				
現金及約當現金	177,544,914	39	143,170,245	36
透過損益按公允價值衡量之金融資產—流動	6,342,734	1	5,026,696	1
透過其他綜合損益按公允價值衡量之金融資產—流動	19,026,604	4	13,468,075	3
按攤銷後成本衡量之金融資產—流動	259,415	-	3,005,650	1
應收票據淨額	2,811	-	2,950	-
應收帳款淨額	26,829,271	6	28,929,826	7
應收帳款—關係人淨額	5,000	-	6,605	-
其他應收款	6,313,078	1	8,229,716	2
本期所得稅資產	552,689	-	910,984	-
存貨淨額	27,615,237	6	30,979,767	8
預付款項	1,550,085	1	1,523,281	1
其他流動資產	687,263	-	783,729	-
流動資產合計	266,729,101	58	236,037,524	59
非流動資產				
透過損益按公允價值衡量之金融資產—非流動	6,868,203	2	3,986,224	1
透過其他綜合損益按公允價值衡量之金融資產—非流動	50,223,077		3,500	8
按攤銷後成本衡量之金融資產—非流動	2,570,042		0,106	-
採用權益法之投資	13,616,525	3	12,711,958	3
**　不動產、廠房及設備**	38,889,940	8	37,603,586	10
**　使用權資產**	2,890,906	1	-	-
**　投資性不動產淨額**	956,450	-	917,343	-
**　無形資產**	70,917,102	15	73,788,598	18
遞延所得稅資產	4,769,887	1	4,776,271	1

（圖註）現金及長短期投資多

（圖註）存貨天數不宜過高

（圖註）不動產、廠房及設備比重低

（圖註）無形資產占比高

會計科目	2019 年度		2018 年度	
	金額	%	金額	%
存出保證金	270,561	-	288,449	-
淨確定福利資產—非流動	-	-	14,825	-
長期預付租金	-	-	147,660	-
非流動資產合計	191,972,693	42	166,798,520	41
資產總計	458,701,794	100	402,836,044	100
非流動負債				
長期借款	165,825	-	244,104	-
長期應付款	1,079,607	-	681,175	-
淨確定福利負債—非流動	869,001	-	819,631	-
存入保證金	565,773	-	188,534	-
遞延所得稅負債	6,805,508	2	2,973,703	1
租賃負債—非流動	2,360,427	1	-	-
其他非流動負債—其他	1,358,100	-	1,010,911	-
非流動負債合計	13,204,241	3	5,918,058	1
負債總計	144,302,256	32	128,510,137	32

資料來源：公開資訊觀測站

負債比率低

投資人 Notes

- IC 設計業的廠房設備及使用權資產占總資產比率偏低，約僅 7%～9%。

- 存貨是 IC 設計業的罩門所在，毛利率通常在 40%上下，若突然大減，可能表示產品滯銷，應多留意。

- IC 設計業因為喜歡透過併購壯大規模，導致帳上會有巨額的無形資產。

損益表的 3 大特色

1. 毛利率高

　　IC 設計業的毛利率通常都很高，從 30％～ 70％不等。毛利率如果在 30％以下，除非是量大的利基產品，否則會很艱難。

　　毛利率必須高的原因有二：首先是開發一顆 IC，短則數月、長則數年，開發期間需投入大量的人力及相關成本，但是這些成本依會計原則只能當研發費用，不能當生產 IC 時的 IC 成本，如果能把開發 IC 的研發費用改列為 IC 成本，IC 產品的毛利率一定不會這麼高。

　　其次，IC 設計公司的研發工作不能停，所以毛利必須要能支持占營收 10％～ 30％的研發費用以及管銷費用，否則就會產生虧損。

2. 研發費用高

　　在各個產業中，IC 設計業和藥品研發業都是研發費用驚人的產業。藥品研發費用不但大而且不能停，否則就會前功盡棄。即便如此，大部分的研發也是失敗的，但如果成功了，就能享受 20 年的專利保護，大發利市。

　　IC 設計業的研發則不然，首先它的失敗率不會這麼高，雖然成功率比較有把握，可是 IC 產品的進步實在太快了，一顆 IC

能夠賣個 3 ～ 4 年絕對是奇蹟，所以 IC 設計業推出一顆新功能 IC 之前，往往就已經開始規劃、甚至投入下一世代 IC 的研發，否則這家 IC 設計公司就前途渺茫了。這就是聯發科的年度研發費用高達 500 多億元，占台灣企業研發費用第 3 名的原因了。

另一方面也提醒我們，如果一家 IC 設計公司的研發費用下降，通常不是好事。尤其如果它的營收和毛利率都下降，而且連研發費用都一起下降的話，那就是災難了。

3. 獲利變動大

產業界有個笑話是「化工業的老板三年做一次決策就好，但是電子業的老板一天要做三次決策」，這是因為電子業的科技進步太快，以致經營者每天都要兢兢業業去經營才行。

IC 設計業設計出的 IC，很快就要換代，否則會被競爭者趕上甚至超越。

但是也有例外，如果這家公司在某個領域申請了很多專利，讓公司把競爭者套得死死的，例如高通在手機的無線通訊領域有很多專利，專門用專利打敗敵手，直到被蘋果告訴其違反《公平交易法》為止。因為變動太快，所以 IC 設計業常會因某公司的 IC 大賣，而出現獲利大爆發的現象。例如 2020 年中時，譜瑞以及佳昇均因產品正確及先進而獲利極佳。為了避免獲利變動太大，IC 大廠往往會透過併購來增加自己產品的多樣性，藉此穩

定獲利。

表 2-6　聯發科、瑞昱、聯詠損益科目比較

科目	聯發科	瑞昱	聯詠
毛利率	42%	44%	32%
營業費用率	33%	34%	17%
研發費用率	26%	26%	14%
營業淨利率	9%	10%	15%
業外收支	2%	2%	0%
稅後淨利率	9%	11%	12%
EPS	14.69 元	13.36 元	13.03 元
ROE	7.9%	26.3%	24.9%

投資人
Notes
・除非是利基產品，如果毛利率不到 30%，會難以負擔龐大研發費用，導致難以持續經營。

・研發費用下降通常不是好事，尤其若連同營收和毛利率都下降，往往會是災難。

・IC 設計業變動快，常見獲利大爆發的現象，因此常會透過併購來增加產品多樣性，藉此穩定獲利。

表 2-7 IC 設計業的損益表——以聯發科為例

聯發科 2018~2019 合併綜合損益表（摘要）			單位：仟元	
會計科目	2019 年度		2018 年度	
	金額	%	金額	%
營業收入	246,221,731	100	238,057,346	100
營業成本	(143,176,223)	(58)	(146,333,658)	(61)
營業毛利	103,045,508	42	91,723,688	39
營業費用				
推銷費用	(10,954,054)	(4)	(11,456,060)	(5)
管理費用	(6,538,333)	(3)	(6,765,538)	(3)
研究發展費用	(63,001,401)	(26)	(57,548,771)	(24)
預期信用減損利益	15,732	-	229,157	-
營業費用合計	(80,478,056)	(33)	(75,541,212)	(32)
營業利益	22,567,452	9	16,182,476	7
營業外收入及支出				
其他收入	5,076,437	2	5,009,617	2
其他利益及損失	1,084,783	1	3,861,940	2
財務成本	(1,628,685)	(1)	(1,723,738)	(1)
採用權益法認列之關聯企業損益之份額	(72,618)	-	361,190	-
營業外收入及支出合計	4,459,917	2	7,509,009	3
稅前淨利	27,027,369	11	23,691,485	10
所得稅費用	(3,823,059)	(2)	(2,909,089)	(1)
本期淨利	23,204,310	9	20,782,396	9

（圖中標註：毛利率高、研發費用高、獲利變動大）

資料來源：公開資訊觀測站

3

實體通路業
財報解析

以統一超為代表的實體通路業
是最不受景氣影響的產業
也是毛利率及獲利率最穩定的產業
只要具備了一定的經濟規模
即使負債比率極高或流動比率偏低
投資人也可以安心長抱

鎖實體通路業是近 20 年來變化最快的產業之一，變化主要來自三個方面。

第一個變化是連鎖通路業者運用其經濟規模及管理優勢，取代了大部分的傳統實體通路業者，例如統一超及全家幾乎取代傳統街頭巷尾的雜貨店、全國電子等取代傳統的家庭式電器行、全聯取代了曾經眾多的家庭式超市與部分傳統市場的業務。

第二個變化是不同型態的通路商互相競爭，例如全聯的擴張，侵蝕了便利商店的部分業務；便利商店的面積越來越大，販售的商品跨足生鮮，侵蝕了超市的部分業務；量販店如家樂福及大潤發等越開越多，侵蝕了超市的部分業務。

第三個變化是網路商店的興起，侵蝕了部分實體通路業者的業務。不過隨著實體通路業也加入網路行銷後，強調虛實整合的大型實體通路商反而越加茁壯。

實體通路的 4 種經營模式

大型連鎖實體通路商可以分為：1. 便利商店（例如統一超、全家）；2. 超市（例如全聯、美廉社、頂好）；3. 量販店（例如家樂福、大潤發）；4. 百貨公司（例如遠東百貨、新光三越）；5. 特定商品連鎖店（例如全國電子、阿瘦皮鞋、屈臣氏等）。

大型連鎖實體通路商的經營模式可分為以下 4 種：

加盟模式 1

　　加盟模式 1（理論上）由連鎖業者設立店面，再委託加盟者在店內服務客戶。便利商店如統一超及全家，不管是用委託加盟還是特許加盟模式，吸引加盟者加盟，都屬於加盟模式 1。這種經營模式下，**整個店面的收入及商品成本都算是連鎖事業的**。至於加盟者的利潤以及店面的各項營業費用，則透過複雜的利潤分配公式，加以分配，並最終成為連鎖業者的推銷費用。

加盟模式 2

　　加盟模式 2 是由加盟者設立店面並且經營。例如一些歐美名牌商品就是採用這種經營模式。這種經營模式下，加盟者雖然採用該商品的招牌做生意，但每家店其實是獨立的經營個體，它與連鎖業者的聯繫是懸掛連鎖業者的招牌、接受其作業規則，並且向連鎖業者進貨。這種經營模式下，**連鎖店面的營業收入及各項開支都與連鎖業者無關，連鎖業者的主要收入是銷售商品給加盟者的銷貨收入。**

直營店模式

　　直營店經營模式是由連鎖業者直接設立店面，並派遣員工在店裡服務客戶。例如專賣家電及電子產品的燦坤、全國電子、超市的全聯等，都是採用直營店模式。這種經營模式下，**整個店面**

的收入、店面的租金、人事成本及其他費用都屬於連鎖業者。

專櫃模式

專櫃模式是由大型連鎖業者設立店面，再將店內大部分空間出租給不同廠商設專櫃，以從事各種商品販售或餐飲服務，例如百貨業的遠東和新光三越主要就是採用這種經營模式。這種模式下，專櫃業者是以自己的品牌在連鎖業者的店內營業，是獨立的經營個體，與連鎖業者的關係是接受連鎖業者的作業規則，並且依固定租金再加營業額的百分比（例如 10％）支付租金（又稱專櫃抽成）給連鎖業者。一般而言，除非連鎖事業自己直接設立專櫃買賣，才會有銷貨收入及銷貨成本，否則它的收入就只會有**專櫃抽成收入**。

不同經營模式表現不同財報特性

了解經營模式很重要，因為不同的經營模式在資產負債表及損益表上會有截然不同的表現。舉例來說，直營店模式和加盟模式 1 是經營零售業（B to C），其毛利率及推銷費用率會比較高；加盟模式 2 則類似經營批發業（B to B），其毛利率及推銷費用率會比較低。

再如百貨業者大多採專櫃模式經營，因為收入大多來自專櫃抽成收入，所以財報上認列的收入會比一般人認知的少很多，

例如遠東百貨集團 2019 年的營業額（幾乎就是開立發票金額）達 1,104 億元，可是因為專櫃的營收只能認列抽成的部分，所以 2019 年財報上的營業收入只有 379 億元。

由於超市與量販店除了美廉社以外，沒有其他上市櫃公司，著名的百貨公司也大多未上市，因此本文就只介紹便利商店與特定商品連鎖店。

一、便利商店業

因為會計師業務的特性，我曾經走訪過很多國家，這麼多國家中，我從來沒有看過哪個國家的便利商店，能夠同時在便利性、商品種類、服務內容及禮貌上，和台灣的連鎖便利商店業者匹敵。

另一方面，曾經有好幾個客戶在不同的時間及場合裡，向我表達對於便利商店的「愛與恨」，愛的是連鎖業者規模都很大，產品只要能在其店內上架，銷售業績就有保障。

恨的是認為便利商店業者「太貪婪、太無情」，這些客戶抱怨的焦點主要有兩點：首先是便利商店業者憑藉著其經濟規模形成的買方優勢，所報出的產品採購價格太低，認為便利商店業者因此可以賺很多錢，實在「太貪婪」。其次是，即使在經過一番犧牲後，忍痛讓產品在便利商店上架了，一旦產品賣不好，該產

品卻很快就會被下架，實在「太無情」。

　　遇到這樣的事，我通常不予置評，因為兩邊都是客戶。那麼，到底統一超、全家這樣的連鎖便利商店有沒有賺很多？我的結論是「沒有」和「有」這兩個答案同時並存。為何這麼說？要回答這個問題，我們就必須從連鎖便利商店的商業模式說起。

便利商店的商業模式

　　台灣總共有統一超、全家、萊爾富及 OK 4 家大型連鎖便利商店。這 4 家便利商店的商業模式，是讓消費者在方便的狀態下（包括購買時間、購買距離、產品種類、空間舒適性、店員服務以及結帳速度），以便宜的價格買到想買的商品。連鎖便利商店業者只要能滿足這些條件，就可以確保營收了。

　　統一超及全家的經營模式是採加盟店模式 1，它的收入主要是販售商品收入、代辦業務手續費及加盟金。但因為前兩者收入的金額實在太大，加盟金已經不重要了。

　　然而，有收入不表示就能賺到錢，因為採用加盟店模式 1 必須承擔昂貴的店面租金、加盟者的利潤分配以及其他營業費用，而且為了維持連鎖體系的順利運作，每家連鎖業者必須花費巨資在電腦銷售系統（POS）、管理、採購、展店以及後勤運送等成

本上。

以電腦為例，因為每天要處理來自幾千家店面上千萬筆的進銷交易，以及掌握每個店面和發貨倉的每一項產品的庫存動態，統一超的電腦系統曾一度被戲稱是台灣運算量最大的電腦系統，這意味著連鎖便利商店業者的管理費用也極其龐大。

所以便利商店商業模式的重點主要在於經濟規模，唯有連鎖家數夠多，才能降低採購及運送成本，以賺取足夠的利潤去支應店面開銷及總公司的管理費用。以統一超的規模為例，媒體曾指出它在達到 700 家店以前都是虧損的。

時至今日，我們可以從下列標準來判斷便利商店連鎖業者的競爭優劣：

競爭優勢 1：通路規模

通常連鎖店數越多，營收就越大。如表 3-1 所示。

表 3-1　台灣 4 大便利商店規模與營收比較

	統一超	全家	萊爾富	OK
店數	5,581 家	3,520 家	1,357 家	835 家
營收（個體報表）	1,580 億元	740 億元	約 220 億元	約 110 億元

資料來源：公開資訊觀測站及媒體，再經作者彙整或推估而得，統計到 2019.12.31

競爭優勢 2：服務密度

雖然連鎖店數越多越好，但是如果把商店開在合歡山上，應該很難賺錢；如果相隔 10 公尺就開兩家同一連鎖事業的便利商店，也未必是好事。所以觀察特定連鎖事業的服務密度，可以看出其競爭力，甚至未來繼續成長的機會。

競爭優勢 3：管理力度

為了確保服務品質，業者必須確保每家店的舒適度，服務品質也要維持在一定水準。此外，受限於店面面積，可容納的商品大概只有 1,000 多個品項，為了有效利用空間，創造坪效，每一種商品都要有好的銷售力，否則就會被下架。這就是為什麼很多供應商的商品因銷量欠佳而被下架，然後大罵連鎖業者太無情的原因。因此觀察特定業者店面的舒適度及服務品質，可以看出它是否具備競爭力。

競爭優勢 4：不斷創新

為了吸引消費者重複上門的意願，便利商店必須與時俱進，在商品上不斷推陳出新。早期的創新主要在引進新商品，例如關東煮、烤地瓜；接著是店面的布局與擴大，例如引入餐桌椅讓顧客在店內用餐。而後更強調各種代辦業務，例如電影票、高鐵票等。由於引進大量服務業務，業者除了賺取巨額的手續費外，還

可因此取得免息的巨額代收款。觀察特定業者新商品或創新的速度，以及可以提供的「服務項目」，是現階段投資人可以觀察的重點。

競爭優勢 5：完整體系

隨著連鎖門市的持續展店，業者除了將店面裝潢、電腦系統等部門獨立出來外，還會進入上下游產業，例如一般物流、冷凍物流、書報雜誌物流、包裹運送等。有些超商甚至發展自有品牌商品，例如便當、面紙等。越能夠整合上游業務的業者，通常越賺錢。

便利商店業資產負債表的 6 個特色

表 3-2 是統一超的個體財務報表，之所以不用其合併報表，是因為統一超的合併個體太多，使用個體財務報表更能純粹表現出連鎖便利商店的財報特色。

典型連鎖便利商店資產負債表的特色如下：

1. 幾乎沒有應收票據及帳款

當你去便利商店買便當時，你可以向它賒帳嗎？答案自然是不行。

表 3-2　便利商店業的資產負債表——以統一超為例

統一超 2018~2019 資產負債表（摘要）			單位：仟元	
會計科目	2019 年度		2018 年度	
	金額	%	金額	%
資產				
流動資產				
現金及約當現金	10,697,878	8	14,070,715	16
應收帳款淨額	**591,655**	**-**	**603,890**	**-**
其他應收款	2,274,167	2	2,515,131	3
存貨	**8,036,366**	**6**	**8,020,368**	**9**
預付款項	126,974	-	196,990	-
其他流動資產	1,393,703	1	1,560,262	2
流動資產合計	23,120,743	17	26,967,356	30
非流動資產				
透過損益按公允價值衡量之金融資產—非流動	85,565	-	85,683	-
透過其他綜合損益按公允價值衡量之金融資產—非流動	807,115	1	644,614	1
採用權益法之投資	50,117,541	38	49,094,402	55
不動產、廠房及設備	10,477,703	8	9,114,219	10
使用權資產	**44,373,492**	**33**	**-**	**-**
投資性不動產淨額	1,203,684	1	1,189,454	1
無形資產	84,728	-	119,019	-
遞延所得稅資產	800,250	1	800,458	1
其他非流動資產	1,393,227	1	1,231,311	2
非流動資產合計	109,343,305	83	62,279,160	70
資產總計	132,464,048	100	89,246,516	100
負債及權益				
流動負債				
短期借款	5,000,000	4	6,000,000	7
合約負債—流動	1,607,970	1	1,293,149	1
應付票據	1,017,922	1	1,331,853	1
應付票據—關係人	4,431,931	4	4,705,638	5
應付帳款	1,378,550	1	1,437,022	2

應收帳款非常少

存貨週轉天數大多維持在 20～30 天之間

使用權資產金額高

會計科目	2019 年度		2018 年度	
	金額	%	金額	%
應付帳款—關係人	8,373,924	6	8,028,624	9
其他應付款	17,134,279	13	18,827,308	21
本期所得稅負債	781,142	1	1,049,737	1
租賃負債—流動	6,950,425	5	-	-
其他流動負債	1,492,567	1	1,463,092	2
流動負債合計	48,168,710	37	44,136,423	49
非流動負債				
合約負債—非流動	216,284	-	151,550	-
遞延所得稅負債	4,149,357	3	3,916,979	4
租賃負債—非流動	37,780,192	29	-	-
淨確定福利負債—非流動	2,769,674	2	2,860,605	3
存入保證金	2,730,126	2	2,533,958	3
其他非流動負債—其他	426,824	-	394,951	1
非流動負債合計	48,072,457	36	9,858,043	11
負債總計	96,241,167	73	53,994,466	60
權益				
股本				
普通股股本	10,396,223	8	10,396,223	12
資本公積				
資本公積	46,884	-	45,059	-
保留盈餘				
法定盈餘公積	13,314,081	10	12,293,442	14
特別盈餘公積	-	-	398,859	-
未分配盈餘	12,845,880	10	12,064,862	14
其他權益				
其他權益	(380,187)	(1)	53,605	-
權益總計	36,222,881	27	35,252,050	40
負債及權益總計	132,464,048	100	89,246,516	100

其他應付款金額偏高

租賃負債金額驚人

負債比率偏高

資料來源：公開資訊觀測站

2. 存貨週轉天數大多維持在 20 ～ 30 天之間

很多人會質疑，便利商店面積這麼小，人流量這麼高，存貨週轉天數怎麼可能達 20 幾天之久？這是因為大家都少算了連鎖業者在全台各處的發貨倉。由於這些倉庫要提供數百、甚至數千家店面的商品，要參觀這些倉庫的庫存，通常不是騎自行車，就是坐堆高機，否則是會累死人的。

3. 使用權資產及租賃負債 金額驚人

敏銳的投資人會發現，所有連鎖便利商店 2019 年的財報中，突然出現了「使用權資產」及「租賃負債」這兩個科目。

以統一超為例，2019 年底其個體報表的「使用權資產」高達 443 億元之多，成為資產科目中金額最高的科目，這是怎麼回事？這是因為 2019 年財報開始適用新的會計原則所致。在過去，便利商店如果租下一間店面，租賃期間 5 年，因為這間店面不是便利商店所有，所以不會列為資產，未來要支付的租金也不會列為公司的負債。

另一方面，如果是買的呢？那店面的購買價金就會列在「不動產、廠房及設備」上，當初為了買這間店面而跟銀行借的錢，也會出現在負債上。

相較之下，因為租賃者在資產與負債都不會表現出來，其資

產負債表就顯得比較清爽，有較高的資產報酬率(ROA)，更重要的是，負債比率會比用買的企業低。

為了讓買的和租的模式可以互相比較，新的會計原則規定，不管租賃期間多長，假設租期 5 年，承租方就必須把 5 年的租金列為「使用權資產」及「租賃負債」，放進資產負債表中。

這項公報對很多產業的財報產生重大的影響，特別是對絕大部分店面都是用租的實體通路業來說，影響更是巨大。新的會計原則這麼規定究竟好不好，見仁見智！不過我們倒是可以從「使用權資產」這個金額，推算出這個連鎖事業（量販店除外）的規模，亦即其**金額越高，表示連鎖店數越多**，在強調規模經濟的連鎖事業裡，這是個有趣的資訊。

4. 其他應付款偏高

以統一超為例，其 2019 年底帳上的「其他應付款」高達 170 多億元，這到底是什麼負債？

其實裡面高達 110 多億元是門市所代收的各種款項，包括消費者買個遊戲卡、高鐵票、電影票、各種繳交的帳單與費用等等，這金額相當於、甚至大過一家小型信合社的存款金額了！

從事代辦業務有兩個好處，首先是代辦這些業務可以收取手續費，算是營業收入的一種；其次是這些巨額代收款，短時間內

可以拿來運用，還不用計算利息給委託業務的業者，真可謂一舉兩得。

5. 流動比率偏低

對於一般的產業，流動比率（流動資產／流動負債）要在120％以上才算健康，如果低於100％則表示公司的財務有流動性風險，譬如新冠肺炎爆發後，立刻出現財務危機的往往就是流動比率偏低的公司。

可是我們一查，2019 年統一超和全家個體報表的流動比率各是 48％及 59％，那它們會不會倒？答案是：不會！這是因為這是一個「先收後付」的產業。它通常是貨到後月結，1 ～ 2 個月後付款，可是你買便當時可以向它賒帳嗎？

其次，這是一個達到經濟規模後營收及獲利都非常穩定的產業。不妨回想一下，新冠肺炎有沒有讓你不去便利商店買東西？不但沒有，根據經濟部統計處公布的台灣 2020 年第 1 季綜合商品零售業數據，便利商店營業額還逆勢成長了 5％之多，創歷年同季新高。

達到經濟規模後，連鎖便利商店業者的經營會非常穩定，加上「先收後付」的商業模式，所以它可以承受很低的流動比率。

6. 負債比率高

對於一般產業，負債比率（負債／總資產）不宜超過65％，超過70％表示不健康了。譬如新冠肺炎爆發後，出現財務危機而且連銀行都猶豫要不要救的，往往就是負債比率偏高的公司。可是我們一查，2019年統一超和全家個體報表的負債比率各是73％及89％，那它們會不會倒？答案是：不會！

原因就如前項所述，這是一個達到經濟規模後就可以穩定賺錢的事業，不會有太大的財務風險。另一個原因是這個負債比率，是受到新會計原則規定，要將未到期租賃期間內的租金同時認列「使用權資產」及「租賃負債」所致，從「財務的角度」來看，「租賃負債」是一種虛增的負債，如果拿掉的話，兩家公司的負債比率會降到59％及81％。

如果你認為全家81％的負債比率還是太高，那麼再告訴你一個事實，全家2019年個體報表的負債總額達到474億元，可是這麼高的負債中，只有7億元是向銀行借的。

- 從「使用權資產」科目的金額，我們可以分析連鎖便利商店業者的規模及競爭力。

- 因為便利商店業者的商業模式是先收後付，加上業務穩定，它可以容忍比一般產業低很多的流動比率和很高的負債比率。

便利商店業損益表的 5 個特色

表 3-3 是統一超 2019 年的綜合損益表，從表中我們可以發現，便利商店業者毛利率雖然高，但營業利益率卻很低。為什麼？

表 3-3　便利商店業的損益表 —— 以統一超為例

統一超 2018~2019 綜合損益表（摘要）　　　　單位：仟元				
會計科目	2019 年度		2018 年度	
	金額	%	金額	%
營業收入	158,031,567	100	154,074,731	100
營業成本	(103,854,132)	(66)	(101,062,364)	(66)
營業毛利	54,177,435	34	53,012,367	34
營業費用				
推銷費用	(42,662,266)	(27)	(41,041,167)	(26)
管理費用	(4,469,102)	(3)	(4,314,519)	(3)
預期信用減損失	-	-	(2,100)	-
營業費用合計	(47,131,368)	(30)	(45,357,786)	(29)
營業利益	7,046,067	4	7,654,581	5
營業外收入及支出				
其他收入	1,325,894	1	1,417,538	1
其他利益及損失	22,788	-	(68,816)	-
財務成本	(359,593)	-	(42,971)	-
採用權益法認列之子公司、關聯企業及合資損益之份額	4,185,310	2	3,473,458	2
營業外收入及支出合計	5,174,399	3	4,779,209	3
稅前淨利	12,220,466	7	12,433,790	8
所得稅費用	(1,677,606)	(1)	(2,227,402)	(1)
本期淨利	10,542,860	6	10,206,388	7

（表中標註文字：毛利率超級穩定／推銷費用率極高／營業利益率很低／稅後淨利率不高但金額驚人）

資料來源：公開資訊觀測站

連鎖便利商店損益表的特色包括以下 5 點：

1. 毛利率超級穩定

一個產業或公司要維持穩定的毛利率有兩種方式，第一種是對售價有掌控力，如果能夠掌控售價，就可以設定想要的毛利率，根據這個毛利率反推價格，當成本上揚時，可以調漲價格去彌補成本的上揚，從而維持住毛利率。另一種方式不是掌控價格，而是藉由不斷提升良率、效率或是壓低原料成本來抵銷售價的變動，從而維持住、甚至提高毛利率。

當你到連鎖便利商店買麵包時，會向店員要求便宜個 5 塊錢嗎？答案當然是不會，而且也不可能降價。因為沒有講價的空間，所以連鎖便利商店其實是靠著掌控售價來維持其超穩定的毛利率。

表 3-4 可以看出統一超及全家的毛利率非常穩定。但是如果

表 3-4　統一超及全家的毛利率

年度	2019		2018		2017		2016	
超商	統一超	全家	統一超	全家	統一超	全家	統一超	全家
毛利率	34.3%	33.4%	34.4%	33.0%	35.1%	33.8%	34.3%	33.6%
推銷費用率	27.0%	28.5%	26.6%	28.6%	27.1%	29.5%	26.4%	29.1%
營業利益率	4.5%	2.5%	5.0%	1.9%	4.3%	1.8%	4.8%	1.8%
稅後淨利率	6.7%	2.5%	6.6%	2.4%	21.5%＊	2.3%	7.0%	2.3%

＊註：當年度出售大陸星巴克股權所致。

哪天毛利率突然大跌，例如跌到 31％，喔！這通常表示出大事了！比如全聯搶進便利商店通路有成，或是像無人便利店這種新的商業模式興起，這時投資人就要特別小心了。

2. 極高的推銷費用率

很多投資人看到連鎖便利店的高毛利率就非常興奮，反之很多供應商卻會說：「看吧！這些業者就是貪心！」可是大家卻不知道，連鎖便利店的推銷費用率是很高的。

為什麼會這麼高？原因有三：一是店租很高，因為大部分的店面都在人潮所在之處。二是利潤分配，亦即店面獲利中分給加盟主的部分（其實主要是店員成本）。三是商品運送成本及 24 小時不打烊的水電費等。

3. 很低的營業利益率

毛利率雖高，但在減掉推銷費用和管理費用後，營業利益率並不高。以統一超及全家 2019 年為例，營業利益率分別只有 4.5％ 及 2.5％。這說明連鎖便利商店業者並非貪婪，並沒有靠壓低商品採購價格來賺取暴利。統一超營業利益率高於全家，也顯示規模的重要性。

4. 投資利益大

便利商店中的統一超很會複製連鎖店的商業模式,著名的轉投資事業包括星巴克、康是美、家樂福,和菲律賓及江蘇的7-Eleven,這些轉投資事業均獲利良好,每年為其獲利 30 ～ 40 億元。全家在這一方面則較少著墨。

5. 稅後淨利率不高但獲利驚人

由於營業利益率不高,稅後淨利率也就不高。雖然稅後淨利率並不出色,但是營業額龐大啊!統一超及全家 2019 年分別為股東賺進 105 億元及 18 億元,EPS 高達 10.14 元及 8.2 元,ROE 更高達 29.3% 及 31.9%,獲利驚人。

- 連鎖便利商店業毛利率雖高,但推銷費用率(包含店租及運送成本等)也很驚人,故營業利益率並不高。儘管如此,其勝在毛利率超級穩定。

- 獲利的關鍵在於營業額大小,營業額越大,獲利總金額就越高。

二、特定商品連鎖業

　　現代各種產品的銷售無不講求品牌、品質、體驗及售後服務，造成越來越多的產品需要大量行銷才能賣得好。為了維護品牌、品質、體驗或售後服務，越來越多品牌採用連鎖專賣店模式來銷售其自有產品，例如 LVMH 只賣自己品牌的皮包，阿瘦皮鞋及 La new 只賣自己品牌的鞋子。

　　有些廠商沒有辦法以專賣店方式來銷售自家產品時，也會交由特定類別連鎖店來銷售其產品，例如全國電子、燦坤 3C 專門銷售各式家電及電子產品，屈臣氏則銷售成藥、化妝品等。

　　這些專門銷售特定品牌商品或特定類別商品的連鎖商店，我們稱為特定商品連鎖店。

特定商品連鎖店的商業模式

　　特定商品連鎖店的商業模式有相同之處也有相異之處。相同處在於強調店面家數，因為只有店數夠多，才能形成經濟規模。相異處則在於，店面是透過直營或加盟模式運作。如果是直營，那麼整個店面的收入、店租及人事成本都算連鎖事業的，比如燦坤和全國電子，以及康是美和屈臣氏，都是採用這種經營模式。

如果是加盟方式，則大多採加盟模式 2。在這種商業模式下，連鎖業者的收入就只會有銷售給加盟者商品的收入，不會有店頭銷售的利潤及店面的各項開支。一些歐美知名品牌業者，例如 Montblanc（萬寶龍）等主要就是採用這種經營模式。

投資人一定要搞清楚特定商品連鎖店的商業模式，因為在資產負債表及損益表上，會有截然不同的表現。舉例來說，前者是經營零售業（B to C），它的毛利率及推銷費用率會比較高；後者則是經營「準」批發業（B to B），它的毛利率及推銷費用率通常會比較低。

其次是店面選址及裝潢的定位。售價或產品定位越高的產品，就越講究店面的選址及裝潢，這意味著高毛利及高行銷費用。以 LVMH 2019 年財報為例，它的毛利率及行銷費用率分別高達 63％及 38％。我們從一家特定商品連鎖店的選址及裝潢，可以推測出其在該產業的品牌定位。

特定商品連鎖店資產負債表的 5 個特色

表 3-5 是全國電子的合併資產負債表，我們可以看到其存貨金額和比重都很高。事實上大部分特定商品連鎖店的存貨金額及比重都很高，**存貨管理是特定商品連鎖店的決勝關鍵之一**。

表 3-5　特定商品連鎖店的資產負債表——以全國電子為例

全國電子 2018~2019 合併資產負債表（摘要）			單位：仟元	
會計科目	2019 年度		2018 年度	
	金額	%	金額	%
資產				
流動資產				
現金及約當現金	463,622	6	421,369	9
按攤銷後成本衡量之金融資產—流動	1,300,937	17	907,500	20
應收票據及帳款淨額	136,386	2	160,201	4
其他應收款	1,939	-	1,640	-
存貨	2,402,453	32	2,183,053	49
其他流動資產	12,371	-	11,548	-
流動資產合計	4,317,708	57	3,685,311	82
非流動資產				
按攤銷後成本衡量之金融資產—非流動	55,000	1	55,000	1
不動產、廠房及設備	377,226	5	299,852	7
使用權資產	2,412,850	31	-	-
投資性不動產淨額	196,174	2	198,188	4
無形資產	57,670	1	73,661	2
遞延所得稅資產	55,780	1	45,004	1
預付設備款	11,073	-	6,283	-
存出保證金	143,439	2	145,824	3
非流動資產合計	3,309,212	43	823,812	18
資產總計	7,626,920	100	4,509,123	100
負債及權益				
流動負債				
合約負債—流動	589,478	8	414,612	9
應付票據及帳款	1,306,890	17	858,096	19
其他應付款	588,415	8	562,205	13

（註記標示）應收票據及帳款金額偏低

（註記標示）存貨金額及比重很高

（註記標示）使用權資產金額高

會計科目	2019 年度		2018 年度	
	金額	%	金額	%
租賃負債—流動	586,450	8	-	-
其他流動負債	19,985	-	16,842	-
流動負債合計	3,091,218	41	1,851,755	41
非流動負債				
租賃負債—非流動	1,848,209	24	-	-
淨確定福利負債—非流動	194,947	2	212,647	5
存入保證金	47,462	1	44,795	1
非流動負債合計	2,090,618	27	257,442	6
負債總計	5,181,836	68	2,109,197	47
權益				
股本	991,729	13	991,729	22
資本公積	436,294	6	466,046	10
保留盈餘：				
法定盈餘公積	567,100	7	526,556	12
未分配盈餘	449,961	6	415,595	9
	1,017,061	13	942,151	21
權益總計	2,445,084	32	2,399,926	53
負債及權益總計	7,626,920	100	4,509,123	100

（圖標示：租賃負債金額高）

資料來源：公開資訊觀測站

特定商品連鎖店資產負債表的典型特色是：

1. 應收票據及帳款金額很小

　　請問你去全國電子買冰箱或去燦坤買電腦時，可以賒帳嗎？答案當然是不能。之所以會有應收帳款及票據，主要是顧客用信用卡付款所致。

2. 存貨金額及比重很高

大多數特定商品連鎖店的存貨金額都很高，以全國電子為例，其存貨占總資產的 32%，但換算成週轉天數只有 61 天（見表 3-6），為什麼會這樣？

表 3-6　全國電子與燦坤之存貨週轉天數

2019 年	全國電子	燦坤
存貨週轉天數	61 天	50 天

這是因為大多數特定商品連鎖店賣的都是耐用品，它們的流通速度不像便利商店賣的商品那麼快，加上單品金額高，反映在財報上的特色就是，存貨金額及占資產的比重都比較高。

不同產業的連鎖專賣店，其存貨週轉天數自然不同，例如賣奢侈品的 LVMH，2019 年存貨週轉天數是 276 天，賣球鞋的 Nike 則是 95 天。

雖然產業不同，存貨週轉天數也會不同，但是透過比較相同產業、相同商業模式下，不同連鎖企業的存貨週轉天數，可看出其管理力度，甚至是否存在品牌或經營危機。由表 3-6 我們可以看出全國電子及燦坤的存貨管理都還可以。

3. 使用權資產及租賃負債 金額驚人

　　如同前述的連鎖便利店業者一樣，這是新會計原則要求將所有連鎖專賣店租賃期間的租金資本化所造成的，例如全國電子「使用權資產」高達總資產的 31％。但如果連鎖專賣店商業模式是採用加盟店模式 2，店面由加盟者承租，這種商業模式就不會有巨額的「使用權資產」及「租賃負債」了。

4. 流動比率高低 依產業而定

　　連鎖便利商店業者的經營模式是先收錢後付帳，加上商品去化快，可以容許很低的流動比率。這個原則可以適用在特定商品連鎖業嗎？答案是：看狀況。

　　首先，如果商品是自產自銷，就不會有先收後付優勢。其次是存貨週轉天數，例如 LVMH 的存貨週轉天數達 276 天，不管是自行生產還是買入後 3 個月付款，都意味著沒有先收後付的好處了。遇到這種情形，其流動比率要回到一般產業來看。對於存貨去化更慢的香水、皮件及非運動鞋類連鎖業者，其流動比率甚至必須要比一般產業的標準高才行。為什麼？因為當存貨週轉天數太高時，存貨中一定含有很多賣得很慢甚至賣不掉的存貨，但是這些存貨還是會被歸類為流動資產，造成金額極高的流動資產，然後我們就會算出一個非常高、非常健康的流動比率！但是這樣計算出來的流動比率合理嗎？

5. 負債比率依商業模式而定

新會計原則要求將商店租賃期間的租金「資本化」，會讓採直營店模式經營的連鎖業者負債比率升高，但對於採加盟模式2經營的連鎖業者，則不會有影響。

因為租金資本化造成負債比率升高的連鎖業者，建議讀者可以將使用權資產金額同時從資產及負債中扣除，再重新計算並評估負債比率的合理性。以全國電子為例，扣除使用權資產及租賃負債金額以後，其2019年的負債比率，可以從68％的高水位，降到比較合理的53％負債比。

 投資人 Notes

- 存貨管理是特定商品連鎖店成敗的關鍵。因為存貨管理不佳而造成赤字倒閉者，不勝枚舉。

- 從存貨週轉天數的合理性，可以看出其經營力度甚至商品的市場力度。

- 對於存貨金額超過產業標準者，其流動比率一定要比一般產業標準高。甚至其負債比也要重新衡量才行。

- 對於帳上有巨額「使用權資產」及「租賃負債」的特定商品連鎖店，我們可以容許較高的負債比。

特定商品連鎖店損益表的３個特色

特定商品連鎖店的毛利率及營業利益率，會因產品或品牌而有很大不同。例如賣奢侈品的 LVMH，其毛利率及營業利益率常年在 65% 及 20% 以上；賣球鞋的 Adidas 分別在 50% 及 10% 以上；賣 3C 的全國電子則分別在 19% 及 3% 左右。不管賣哪一

表 3-7　特定商品連鎖店的損益表——以全國電子為例

全國電子 2018~2019 綜合損益表（摘要）			單位：仟元	
會計科目	2019 年度		2018 年度	
	金額	%	金額	%
營業收入	17,525,668	100	16,343,295	100
營業成本	(14,248,983)	(81)	(13,202,778)	(81)
營業毛利	3,276,685	19	3,140,517	19
營業費用				
推銷費用	(2,374,672)	(14)	(2,319,556)	(14)
管理費用	(342,013)	(2)	(351,071)	(2)
營業費用合計	(2,716,685)	(16)	(2,670,627)	(16)
營業淨利	560,000	3	469,890	3
營業外收入及支出				
其他收入	25,277	-	41,191	-
其他利益及損失	(5,665)	-	(4,148)	-
財務成本	(26,609)	-	(23)	-
營業外收入及支出合計	(6,997)	-	37,020	-
稅前淨利	553,003	3	506,910	3
減：所得稅費用	(112,422)	-	(101,473)	(1)
本期淨利	440,581	3	405,437	2

（圖中標註：毛利率很穩定、推銷費用率也很穩定、營業利益率很低）

資料來源：公開資訊觀測站

種產品，營收及穩定的營業利益率都是觀察的重點。我們用表3-7 全國電子 2019 年的綜合損益表來說明。

特定商品連鎖店的損益表，有以下 3 點特色：

1. 穩定的毛利率

連鎖通路業通常會在考量同業的訂價，以及自身的定位後，制定出自己的毛利率，這個毛利率一旦訂定後大多相當穩定。從表 3-8 可看出全國電子及燦坤的毛利率都相當穩定。

另一方面，不同產品及商業模式會有不同的毛利率，通常奢侈品及高端品牌商品會有較高的毛利率，例如 LVMH 及 Nike 過去 3 年的毛利率分別保持在 65 ％及 45 ％，上下差異不超過 1%。而如果商業模式是採用加盟模式 2，因為少掉店面營收及相關費用，毛利率會比較低。例如一些歐美品牌廠賣給加盟店的價格，是其直營店售價的 60%。

2. 穩定的推銷費用率

相同商業模式下，奢侈品及高端品牌商品必須仰賴不斷的廣告、昂貴的賣場裝潢及高素質的銷售人員，推銷費用率勢必較高。而商業模式如果是採用加盟店模式 2，由於店面相關費用是由加盟者負擔，其推銷費用率相對會比直營店模式低很多。

表 3-8　全國電子與燦坤之營利比較

年度	2019		2018		2017		2016	
企業	全國	燦坤	全國	燦坤	全國	燦坤	全國	燦坤
毛利率	19%	16%	19%	15%	20%	15%	20%	16%
推銷費用率	14%	12%	14%	12%	15%	11%	14%	11%
營業利益率	3%	2%	3%	1%	3%	2%	3%	3%
稅後淨利率	3%	1%	3%	1%	3%	1%	3%	2%
EPS（元）	4.44	1.27	4.09	1.34	4.57	1.64	4.98	2.88

　　但是不管哪一種商業模式，其推銷費用率通常都會很穩定。因為推銷費用率反映的是產品的銷售力度或是賣場的吸客能力，所以如果哪一天 LVMH 的推銷費用率大增，那可能表示 LV 的品牌度下降，正在大打廣告；如果哪一天 LVMH 的營收甚至毛利率下降，又伴隨著推銷費用率下降，那可能表示 LV 的品牌掉漆，LVMH 不但不打廣告去維護品牌形象，反而為了確保獲利而殺雞取卵，削減推銷費用，那可能意味著更大的災難。

　　從表 3-8 可看出全國電子的推銷費用率相當穩定。

3. 很低的營業利益率

　　台灣本土品牌的特定商品連鎖店，因為彼此間競爭激烈，其營業利益率通常不高，例如全國電子及燦坤 2019 年的營業利益率分別只有 3％及 1％，賣手機的神腦是 1％。相較之下，國際

品牌業者的營業利益率就高很多，例如 LVMH 及 Nike 2019 年的營業利益率分別高達 21％及 12％。

這麼大的差異主要在於，台灣大部分掛牌上市的特定商品連鎖業，主要的獲利模式是賺「管理財」，與歐美品牌業者擅長賺取的「品牌財」有顯著的不同。

賺「管理財」是透過展店及賣場位址及大小的選擇以吸引人潮、透過壓低進價及售價來競爭、透過賣場擺設及店員訓練以增加購買意願、以及透過精準掌控存貨管理以及店面開銷，去賺取微薄的營業利益率。所以其獲利的關鍵往往在於聚焦的組織文化以及一貫的管理力度，而不是產品本身。

那台灣有沒有賺品牌財的特定商品連鎖店，答案是有一些。但是因為品牌力度不足，推銷費用率過高，加上存貨管理不善，這些公司大多沒賺什麼錢，在此就不談了。

> **投資人 Notes**
> ・對於台灣本地賺管理財的特定商品連鎖店，投資人要注意的是營收的成長性，以及營業利益率的穩定性。營業利益率最好要關注到小數點以下的變化。

餐飲業經營者

是走精緻餐飲或平價路線

是選擇直營店或加盟店模式經營

都會讓資產負債表及損益表

產生不同的樣貌

連鎖
餐飲業
財報解析

由於社會環境的改變，就學、頂客族及婦女就業人口增加，台灣外食的人數逐年攀升。根據行政院主計處發表的資料顯示，有超過 9 成的民眾有外食的習慣，連帶使得台灣餐飲業營收成長快速。根據統計指出，台灣 2018 年餐飲業營業額達 7,775 億元，是 10 年前的 2 倍以上，可謂欣欣向榮。

餐飲業的經營議題

然而，餐飲業進入門檻極低且容易模仿的特性，令同業間競爭異常激烈。餐飲業常見的經營議題包括：

1. 價格

台灣外食人口主要集中在經濟能力較低的工作或就學的年輕人，這群消費者對於價格非常敏感，以這群人為主要客群的經營者，要能夠提供價位合宜的餐飲。對於提供精緻餐飲的經營者，消費金額越高，客人越少。因此經營者必須妥善制定價格區間，以精準掌握目標客群。

2. 顧客忠誠度

餐飲再好吃，沒有顧客上門也是枉然，已經上過門的顧客，則最好是一來再來，才能夠生意興隆。提供令人懷念的口味、

服務、氣氛或是就食的方便性，是吸引消費者重複消費常見的方法。

3. 翻桌率

對速食店或百元快炒店來說，一張餐桌一個晚上最好有 10 組客人，而且最好還有外帶客戶不斷光顧。精緻餐廳如強調消費氣氛的法式餐廳，雖然一張餐桌一個晚上只能容許一組客人，也希望每天都能夠桌桌客滿。所以設計滿足主力客群的餐廳格局、服務方式與消費氛圍很重要。

4. 經營成本

餐飲業的主要經營成本為人事、房租、食材及裝潢（尤其是精緻餐廳）。提供平價餐飲的經營者，必須致力於降低租金、人事、食材及裝潢成本；提供精緻餐飲的經營者，雖然可以提高價格，但也必須慎選餐廳的地點、格局、氣氛、服務以及口味，而這意味著租金、裝潢、人事甚至食材成本都會大幅增加。如何控制好成本，將本求利，同樣是精緻餐飲經營者的重要課題。

5. 人員流動率

餐飲業因為競爭激烈，加上所提供服務的技術障礙不高，其待遇普遍並不高。根據經濟部的統計，餐飲業服務人員的薪酬，

在行業別薪酬排名中位居末流。因為待遇不高及其他因素，餐飲服務人員的流動率普遍偏高，往往因而影響經營的穩定性及服務品質。如何降低人員流動率一直是餐飲業重要的管理課題。

6. 擴大規模

如果做得很好，餐飲業要如何擴大規模？是原地擴大？還是另立分店？另立分店是自己經營（直營店）還是開放加盟（加盟店）？如果直營店或加盟店已經夠多了，要到海外開店？還是在台複製成功模式創立新品牌？

大型餐飲業的商業模式

為了解決上述議題，台灣餐飲界最近幾年採取品牌化、連鎖化及中央廚房的方式經營。品牌化的目的是突顯主力食品、品質、味道、檔次甚至食品安全的差異性，讓顧客容易辨識並且願意重複消費。

例如八方雲集主要是提供新鮮、美味且價錢合宜的水餃、鍋貼及麵食；梁社漢主要是提供訂餐方便且美味的炸雞腿及排骨餐飲；85度C主要提供咖啡及蛋糕；瓦城強調精緻美味的泰式料理。

連鎖化的目的在提高品牌知名度、形成經濟規模、降低食材

成本、提升人員穩定性或加盟者的加盟意願。中央廚房則在提高品質及降低成本。

　　台灣連鎖餐飲業的商業模式主要有下列 3 種：

1. 直營店模式

　　直營店的經營模式，是由連鎖業者直接設立店面，並派遣員工在店裡服務客戶。例如瓦城、王品及安心（摩斯漢堡）都是採用直營店模式。這種經營模式下，**整個店面的收入、店面的租金及人事成本，都是屬於連鎖事業的**。會採用直營店模式的，通常是提供精緻餐飲者，以及上市櫃的速食店業者。

2. 加盟店模式

　　這是由加盟者設立店面並經營，例如八方雲集以及一些飲品連鎖店。這種模式下的加盟者雖然掛著連鎖事業的招牌，但其實是獨立的經營個體，它和連鎖事業的關係主要是懸掛店招、接受其作業規則，並且向連鎖事業進貨。

　　採加盟模式的連鎖體系，加盟店面的營業收入及各項開支都與連鎖事業無關，**連鎖事業的收入主要是出售食材給加盟者的商品收入**。至於加盟金收入或出售設備的收入，通常占營收的比重很低，可略而不計。會採用加盟店模式的，通常是做平價餐飲的業者。

3. 兼採直營店及加盟店模式

通常採加盟店模式經營的業者也會設立少數直營店,但這些直營店的目的主要是訓練新進員工或加盟者,因此可略而不計。真正兼採直營店及加盟店模式經營的代表性公司是美食-KY(85度C)及國際品牌的速食業者如麥當勞等。

至於本土品牌的連鎖餐飲業者,基於管理及行銷策略,經營模式通常不是直營店模式就是加盟店模式,不會兼而有之,因為兩種經營模式混合在一起,會造成管理上的困難。如果兼採兩種模式,通常會依據地域、餐飲內容或品牌加以區隔。

例如美食-KY在台灣主要是賣平價蛋糕和咖啡,所以採加盟店模式經營,它在大陸及美國以烘焙食品為主,主要採直營店模式。另外如八方雲集在台灣的連鎖店也是採加盟模式,但在香港則採直營模式為主。

一、直營店模式的財報特色

餐飲直營模式資產負債表的6個特色

為了讓投資人了解直營店模式在財報上呈現出來的特色,我們以瓦城的財報為例,來向大家說明:

1. 不多的應收帳款

　　直營店模式的餐飲價格較高，會因顧客用信用卡付款而有應收（銀行）帳款（例如王品）；或者業者設店在百貨公司內，餐飲價款會先被百貨公司收走，而轉變成應收（百貨公司）帳款（例如瓦城）。但由於收款速度都很快，相對於營業額，應收帳款的週轉天數不會超過 1 個月。

2. 存貨週轉天數最好不高於 1 個月

　　存貨主要在反映中央廚房、倉庫及連鎖店的食材原料及食材在製品。為了保持食材新鮮度，一般認為餐飲業的存貨，除非是特殊狀況，例如囤積季節性農產品，或趁豬價下跌而囤積肉品等因素，否則不宜超過 1 個月。

3. 不動產、廠房及設備占比與傳統製造業相似

　　一般人會認為餐廳不是製造業，其不動產、廠房及設備金額應該不大。但事實上每家直營模式的連鎖餐飲業，其不動產、廠房及設備金額都頗大，很類似傳統製造業的模式。

　　為什麼會這樣？首先是餐廳的裝潢（會計科目稱為租賃改良物）成本很高，而且為了持續吸引客人，每隔幾年就必須重新裝潢。其次是中央廚房機器與設備、分店廚房及餐廳碗盤、桌椅等

表 4-1 餐飲連鎖直營店模式資產負債表——以瓦城為例

瓦城 2018~2019 資產負債表（摘要）			單位：仟元	
會計科目	2019 年度		2018 年度	
	金額	%	金額	%
資產				
流動資產				
現金及約當現金	527,490	9	308,141	12
按攤銷後成本衡量之金融資產—流動	826,820	14	178,189	7
應收票據淨額	-	-	539	-
應收帳款淨額	267,630	5	263,304	10
存貨	136,199	2	121,646	5
其他流動資產	94,760	2	85,135	3
流動資產合計	1,852,899	32	956,954	37
非流動資產				
不動產、廠房及設備	1,612,585	27	1,473,700	58
使用權資產	2,286,488	39	-	-
無形資產	20,799	-	23,653	1
遞延所得稅資產	20,619	-	10,986	-
其他非流動資產—其他	87,480	2	89,350	4
非流動資產合計	4,027,971	68	1,597,689	63
資產總計	5,880,870	100	2,554,643	100
負債及權益				
流動負債				
短期借款	80,000	1	-	-
應付帳款	119,021	2	87,333	3
其他應付款	375,413	7	348,936	14
本期所得稅負債	55,209	1	57,304	2
租賃負債—流動	396,322	7	-	-
其他流動負債	17,956	-	12,048	1
流動負債合計	1,043,921	18	505,621	20

（標註說明）應收帳款及存貨占資產比重相對上很低

（標註說明）餐廳與廚房設備、店面裝潢，使得此項目占比與傳統製造業相似

（標註說明）店面未來的租金占資產很大部分

會計科目	2019 年度		2018 年度	
	金額	%	金額	%
非流動負債				
透過損益按公允價值衡量之金融負債—非流動	2,000	-	-	-
應付公司債	770,425	13	-	-
長期借款	6,390	-	1,000	-
負債準備—非流動	30,869	1	27,634	1
遞延所得稅負債	-	-	16	-
租賃負債—非流動	1,891,040	32	-	-
其他非流動負債	13,686	-	13,986	-
非流動負債合計	2,714,410	46	42,636	1
負債總計	3,758,331	64	548,257	21
負債及權益總計			2,554,643	100

店面租金使得租賃負債成為第一大負債科目

認列租賃負債，造成負債比率偏高

資料來源：公開資訊觀測站

（報表上稱為廚房及餐廳設備）金額也不會太低，以致直營模式的連鎖餐飲業者報表，在不動產、廠房及設備**占資產的百分比**，都與傳統製造業相當相似。

4. 使用權資產及租賃負債金額龐大

　　由於絕大部分店面都是租來的而且都很貴，依會計原則將租賃期間所有租金資本化的結果，造成每家業者的使用權資產及租賃負債都很高。以瓦城及王品為例，使用權資產分別達總資產的39％及30％，都是它們的第一大資產科目；租賃負債也同樣是它們的第一大負債科目。

5. 流動比率不宜過低

　　直營模式的餐飲業主要是收現金，即便向銀行或百貨公司收款也很快就能入帳，一般認為其流動比率可以比傳統製造業及買賣業低一點。但是新冠肺炎的爆發，讓很多流動比率低的餐飲業者飽嘗週轉壓力，甚至結束經營。**這個疫情事件應該會改變這個行業流動比率的要求。**

6. 負債比率高

　　由於依會計原則將租賃期間所有租金資本化，認列租賃負債的結果，造成每家業者的負債比率都偏高。但若是將租賃負債從總資產及負債中剔除，再重新計算負債比率，業者的負債比率大多會降到可以接受甚至偏低的水準。

- 直營模式的連鎖餐飲業，因為必須承租大量店面，其金額會表現在使用權資產以及租賃負債這兩個科目上，和便利商店業者一樣。

- 直營店模式的連鎖餐飲業流動比率，不宜過低。

- 由於必須投入巨資在中央廚房、分店廚房、餐廳設備及店面裝潢上，表現在不動產、廠房及設備的金額上，類似傳統製造業。

表 4-2　瓦城、王品、安心三餐飲集團資產負債表關鍵數字比較

項目	瓦城	王品	安心
應收帳款週轉天數	20 天	4 天	6 天
存貨週轉天數	22 天	56 天	4 天
流動比率	177%	86%	157%
負債比率	64%	66%	59%
使用權資產占總資產比率	39%	30%	35%
不動產、廠房及設備占總資產比率	27%	21%	10%

餐飲直營模式損益表的 3 個特色

典型直營店模式的經營者在損益表上的特色，就是有相當高的毛利率及推銷費用率，我們以瓦城的財報為例：

1. 毛利率依價格而定

一般商品的售價越高，毛利率就越高，同樣的，直營店模式的連鎖餐飲業如果走精緻餐飲路線，其毛利率相對就會比平價餐飲業高，以瓦城和王品為例，其 2019 年毛利率分別達 53％及 48％。安心的摩斯漢堡走平價路線，毛利率也有 26％。

2. 推銷費用率依精緻度而定

精緻餐飲的推銷費用率都很高，原因有 3：1. 精緻餐飲大多選址在交通便利處或百貨公司內，其租金負擔非常高；2. 精緻餐

表 4-3　餐飲連鎖直營店模式損益表 —— 以瓦城為例

瓦城 2018~2019 綜合損益表（摘要）　　　單位：仟元				
會計科目	2019 年度		2018 年度	
	金額	%	金額	%
營業收入	4,899,543	100	4,300,692	100
營業成本	(2,302,760)	(47)	(1,984,901)	(46)
營業毛利	2,596,783	53	2,315,791	54
營業費用				
推銷費用	(1,745,904)	(35)	(1,499,401)	(35)
管理費用	(375,529)	(8)	(375,409)	(9)
預期信用減損損失	(730)	-	(888)	-
營業費用合計	(2,122,163)	(43)	(1,875,698)	(44)
營業利益	474,620	10	440,093	10

資料來源：公開資訊觀測站

（圖註：毛利率高／推銷費用高／成本及費用中很大的比重都是固定的）

飲的餐廳空間、裝潢及餐具、空調等要求比較高；3.服務人員人數必須多。這三者導致直營模式連鎖餐飲業者的推銷費用率驚人。

　　以瓦城為例，其 2019 年帳列營業費用中的折舊費用（依會計原則大部分租金也被列為折舊費用）及人事成本就高達 14.5 億，其中大部分都屬於推銷費用。

　　至於速食業的安心，雖然店租依然高，但是其坪效高，裝潢成本及店員／顧客人數比，又遠低於精緻餐飲的瓦城及王品，所以推銷費用率較低。

3. 管理費用率很高

任何連鎖事業都需要完善的人事、電腦、總務及財務會計等後勤系統，這些成本很難降低，但可以藉由擴大營收去降低管理費用率。例如王品的營收比瓦城及安心高，王品的管理費用率就比瓦城及安心低，這也是餐飲業者喜歡發展多品牌餐飲業務的原因之一。

表 4-4 是瓦城、王品、安心三家集團 2019 年損益表中關鍵數字的比較，供讀者參考。

固定成本高 營收驟降易陷虧損

因為餐飲業的推銷費用及管理費用都很高，所以獲利與否不能只看毛利率，而必須看收入是否能夠涵蓋人事、食材、租金及裝潢等成本。更甚者除了食材外，人事、租金及裝潢大部分都是固定的，當生意不好，尤其是新冠肺炎疫情導致生意幾近停擺時，會因為難以降低這些固定成本而出現巨額虧損，不得不採取無薪假、裁員甚至結束營業等激進措施來減少或停止巨額虧損。但即使是關閉店面，也會因為必須廢棄巨額的裝潢投資而產生巨大虧損。

所以精緻餐飲業最大的經營風險就是，禁不起任何理由造成的營收大幅下降，哪怕這事件只影響 1 ～ 2 個月，也會導致重大

表 4-4　瓦城、王品及安心損益表關鍵數字比較

項目	瓦城	王品 （個體報表）	安心
營業額	49 億元	76 億元	55 億元
毛利率	53%	48%	26%
推銷費用率	35%	38%	15%
管理費用率	8%	5%	8%
營業淨利率	10%	5%	3%
營業利益金額	4.7 億元	3.4 億元	1.7 億元

虧損。至於速食業者的固定成本較低，同樣的風險下，虧損情形
會較緩和。

投資人
Notes

- 直營模式的精緻餐飲業，毛利率通常比平價餐飲業高。

- 越是走精緻高端餐飲路線，其店租、裝潢、設備及服
  務人員要求也較高，推銷費用率因而也較高，而且大
  多屬於固定成本，短期內很難降低。

- 發展多品牌可以打造更堅實的結構性獲利能力，且擴
  大營收有助於降低管理費用率。

二、加盟店模式的財報特色

餐飲加盟模式資產負債表的 8 個特色

為了讓讀者了解加盟店模式餐飲連鎖業財報的特色，我們以八方雲集的個體資產負債表為例做說明：

1. 應收帳款不多

加盟店模式的連鎖餐飲業，是由加盟者設立店面並且經營，連鎖餐飲經營者主要**藉由批售食材給加盟者的方式獲利**，所以這裡的應收帳款是指應收加盟者食材貨款。

由於加盟者規模多屬於小企業或個人，放帳時間大多以「週」為單位，最長不超過 1 個月，所以應收帳款週轉天數不會太長。以八方雲集為例，其 2019 年應收帳款週轉天數是 8 天。

2. 存貨不宜過高

存貨主要反映中央廚房或採購的食材原料、在製品及成品的狀況。為了保持食材的新鮮度，一般認為餐飲業的存貨，除非是特殊狀況，例如囤積季節性農產品，或趁豬價下跌而囤積肉品等因素，否則不宜超過 1 個月。以八方雲集為例，其 2019 年存貨週轉天數是 23 天。

表 4-5 加盟店模式的資產負債表──以八方雲集為例

八方雲集 2018~2019 個體資產負債表（摘要）				單位：仟元
會計科目	2019 年度		2018 年度	
	金額	%	金額	%
資產				
流動資產				
現金及約當現金	347,149	14	345,266	16
按攤銷後成本衡量之金融資產─流動	370	-	18,411	1
應收帳款─非關係人	62,136	3	59,812	3
應收帳款─關係人	6,044	-	11,737	-
其他應收款	3,795	-	15,313	1
存貨	133,660	6	51,262	2
預付款項	47,931	2	103,844	5
其他流動資產	77	-	96	-
流動資產總計	601,162	25	605,741	28
非流動資產				
採用權益法之投資	611,631	25	599,464	28
不動產、廠房及設備	975,666	40	887,480	41
使用權資產	135,218	6	-	-
無形資產	6,117	-	3,950	-
遞延所得稅資產	44,707	2	40,739	2
預付設備款	26,794	1	9,971	-
其他非流動資產	26,712	1	25,592	1
非流動資產總計	1,824,845	75	1,567,196	72
資產總計	2,426,007	100	2,172,937	100
負債及權益				
流動負債				
短期借款	70,000	3	82,000	4
應付票據	1,514	-	54,957	3
應付帳款─非關係人	110,898	5	89,094	4
應付帳款─關係人	8,469	-	249	-

應收帳款不高

存貨不宜過高

若設置中央廚房及配送車隊投資金額很高

使用權資產較直營模式低很多

流動資產比率不宜過低

會計科目	2019 年度		2018 年度	
	金額	%	金額	%
其他應付款—非關係人	349,731	14	160,094	7
其他應付款—關係人	9,029	-	9,077	-
租賃負債—流動	34,728	2	-	-
本期所得稅負債	60,576	3	86,240	4
一年內到期之長期借款	9,996	-	13,610	1
其他流動負債	2,022	-	1,488	-
流動負債總計	656,963	27	496,809	23
非流動負債				
長期借款	95,815	4	121,697	6
租賃負債—非流動	97,779	4	-	-
遞延所得稅負債	374	-	473	-
淨確定福利負債—非流動	4,196	-	4,155	-
非流動負債總計	198,164	8	126,325	6
負債總計	**855,127**	**35**	**623,134**	**29**
權益				
普通股	600,448	25	600,448	28
資本公積	28,895	1	4,911	-
保留盈餘				
法定盈餘公積	232,407	10	159,542	7
特別盈餘公積	12,958	-	-	-
未分配盈餘	723,433	30	804,333	37
保留盈餘總計	968,798	40	963,875	44
其他權益	(27,261)	(1)	(19,431)	(1)
權益總計	1,570,880	65	1,549,803	71
負債與權益總計	2,426,007	100	2,172,937	100

負債比率也較直營模式低很多

資料來源：公開資訊觀測站

3. 不動產、廠房及設備金額依食材複雜度而定

　　加盟模式的連鎖餐飲業不必負擔連鎖店的裝潢成本、廚房及餐廳設備，因此帳列的不動產、廠房及設備金額，通常比相同規模直營店模式連鎖餐飲業者低很多。

　　至於中央廚房及配送設備方面，若是從事飲品的連鎖業者，因為食材處理相對簡單，通常不需要龐大的中央廚房及配送車隊，其不動產、廠房及設備金額就更低了。

　　但若是提供餐食的話，就需要較大的中央廚房及配送車隊，八方雲集因為需要提供蔬菜、麵粉、肉類及醬料食材給加盟店，其工廠（中央廚房）以及配送車隊的投資金額就很驚人，甚至超過普通的傳產製造業。

4. 使用權資產沒有或很低

　　加盟店模式的連鎖餐飲經營者，理論上不需要承租店面，所以不會有使用權資產。如果有，應該是承租總公司辦公室、廠房或做為示範及實習用之少數直營店租金。

5. 會因營運需要而產生其他應收款

　　很多加盟店模式的連鎖餐飲業為了吸引加盟者加盟，常會為

加盟者代墊店面的設備及裝潢費用，然後透過分期方式收回。這種性質產生的其他應收款是正常的。

6. 會因營運需要而產生預付款項

一些直營以及加盟連鎖餐飲業者，會為了穩定特定食材的價格及數量，和農民簽訂契作並預付契作部分貨款。這種性質產生的預付款項是正常的。

7. 流動資產比率不宜過低

加盟店模式的餐飲業雖然不是收現金的行業，但是收款期間大多不超過 1 個月，一般認為其流動比率可以比傳統製造業及買賣業低。但是新冠肺炎的爆發，讓很多加盟者業績變差，導致週轉壓力大增，這當然會影響到連鎖經營者。新冠肺炎疫情事件應該會改變這個行業流動資產比率的要求。

8. 負債比率遠比直營店模式低

加盟店模式連鎖餐飲業不須承租大量店面，不會有龐大的使用權資產以及租賃負債，所以在相同標準下，其負債比率一定會遠低於直營店模式業者。

> 投資人 Notes
>
> ・加盟店模式連鎖餐飲業經營者，因為不須承租大量店面，不會有龐大的使用權資產以及租賃負債。
>
> ・不動產、廠房及設備的投資，視食材的複雜度，及是否設置龐大中央廚房及配送車隊而定。

餐飲加盟模式損益表的 4 個特色

相較於直營店模式，典型加盟店模式經營者損益表中的毛利率及推銷費用率都比較低，我們以八方雲集的財報為例，向大家說明：

典型加盟店模式的連鎖餐飲業者，其損益表的特色是：

1. 反推式的毛利率

加盟店模式的連鎖餐飲業成功的要素之一是，提供給加盟店食材的價格必須要讓加盟者有合理的利潤空間，以及食材的價格不能高於市價，以防止加盟者因食材價格問題而私下向外採購。

至於業者本身的利潤，則必須藉由降低採購食材支出及中央廚房的量產方式來降低成本，創造毛利率空間。因此加盟店模式連鎖餐飲業者的毛利率，往往可以充分反映出業者的競爭力。

表 4-6　加盟店模式餐飲業的損益表——以八方雲集為例

八方雲集 2018~2019 損益表（摘要）　　　單位：仟元				
會計科目	2019 年度		2018 年度	
	金額	%	金額	%
營業收入	3,214,388	100	2,936,727	100
營業成本	(2,113,122)	(66)	(1,824,584)	(62)
營業毛利	1,101,266	34	1,112,143	38
營業費用				
推銷費用	(308,063)	(10)	(237,526)	(8)
管理費用	(178,732)	(5)	(210,612)	(7)
研究發展費用	(15,273)	-	(14,240)	(1)
營業費用合計	(502,068)	(15)	(462,378)	(16)
營業淨利	599,198	19	649,765	22
營業外收入及支出合計	10,493	-	(42,299)	(1)
稅前淨利	609,691	19	607,466	21
所得稅費用	(124,023)	(4)	(116,631)	(4)
本年度淨利	485,668	15	490,835	17

（表中標註）毛利率及推銷費用率皆較直營模式低很多

（表中標註）因配送頻率及輔導力度而有很大差異

資料來源：公開資訊觀測站

2. 推銷費用率差異相當大

　　配送食材、輔導及管理加盟店會因經營理念、餐食及飲品內容的不同，而有很大的差異，從而影響推銷費用率。以八方雲集為例，它堅持食材必須新鮮，所以建置了龐大的配送車隊，並且按日配送食材；它重視加盟店的輔導及管理，所以配置大量的輔導人員。這些因素讓它的推銷費用率高達 10％，在加盟店模式的連鎖餐飲業中算是極高的比率。反之，一些飲品店對於加盟體

系的管理較鬆弛，也不需按日配送食材，其推銷費用率相對就會低很多。

3. 管理費用率不低

任何連鎖事業都需要完善的人事、電腦、總務及財務會計等後勤系統，這些成本很難降低，但可以藉由擴大營收去降低管理費用率。這也是餐飲業者喜歡發展多品牌餐飲業務的原因之一，例如八方雲集就在發展梁社漢等新品牌餐飲。

4. 營業利益率差異大

餐飲業的競爭相當激烈，即便成功者也會因提供的餐食或飲品的不同，有不同的營業利益率。像八方雲集這麼高的營業利益率及稅後淨利率的業者並不多見。

- 加盟店模式的連鎖餐飲業會因餐食或飲品的不同、管理理念及力度的不同，呈現差異相當大的毛利率、推銷費用率與營業利益率。

- 採加盟店模式的連鎖店經營者，因為不需負擔店面租金、員工及裝潢成本等固定成本，所以即便受到新冠肺炎影響，其衝擊也會大幅低於直營店模式的業者。

- 發展多品牌可以打造更堅實的結構性獲利能力，且擴大營收有助於降低後勤系統的管理費用率。

這是一個容易被誤解的產業
許多投資人不懂它的商業模式
瞎買一氣落得虧損的苦果
它們的股價通常與財報無關
但是從財報觀察其財務體質
可以幫助我們判斷何時應該逃命

生技醫療業
財報解析

蔡英文第一次競選總統時，曾經將生技醫療產業列為台灣重點發展的 5 大產業之一。2020 年 7 月，又決定將「生技製藥產業發展條例」再延長到 2031 年。在政府的大力支持下，生技產業過去幾年在台灣有長足的發展。對於生技產業，很多人大表肯定，但也有人不以為然。就有多個媒體指出，政府不應該讓處於虧損狀態的生技公司上市櫃。

不論是支持還是反對處於虧損狀態下的生技公司申請上市櫃，我認為其中很多人都不曾深入了解生技業的商業模式，以及其發展對台灣的長遠影響。但我們的重點不在於討論產業政策，而在於讓財報閱讀者如何看懂生技業的財務報表。因此在講解財報之前，首先讓大家了解生技產業的商業模式。

台灣上市櫃的生技產業可概分為 5 大類，包括：藥品研發業、藥品製造銷售業、醫材產業、藥品及醫材通路商、以及保健食品業，本文主要講解前 3 大類。

生技醫療產業商業模式的分水嶺，就在 1980 年代後期。

國際大藥廠的商業模式

在 1980 年代後期之前，國際上的藥品大多被歐美國家的先進藥廠所掌控。藥廠的主要工作，依順序是：從事藥品研發、臨床實驗、申請政府許可、投入生產與推廣銷售 5 大事項。這

是一個耗時且耗錢的流程，尤其是新藥研發的時程冗長、失敗率極高，耗資更是龐大。有統計指出，由於絕大部分的研發案都是失敗的，若把成功和失敗研發案所花的錢一起計算，平均研發成功一種新藥，必須耗資數億甚至數十億美金。

為了能夠穩定獲利，藥廠的規模通常很大，以便有能力同時研發多種藥品，透過少數成功研發案，來彌補其他藥品研發的失敗案。

但在 1980 年代後期，隨著競爭加劇，部分國際藥廠的商業模式開始轉變如下。

圖 5-1　1980 年代後期國際製藥大廠商業模式的轉變
調整核心業務，加強併購及委外

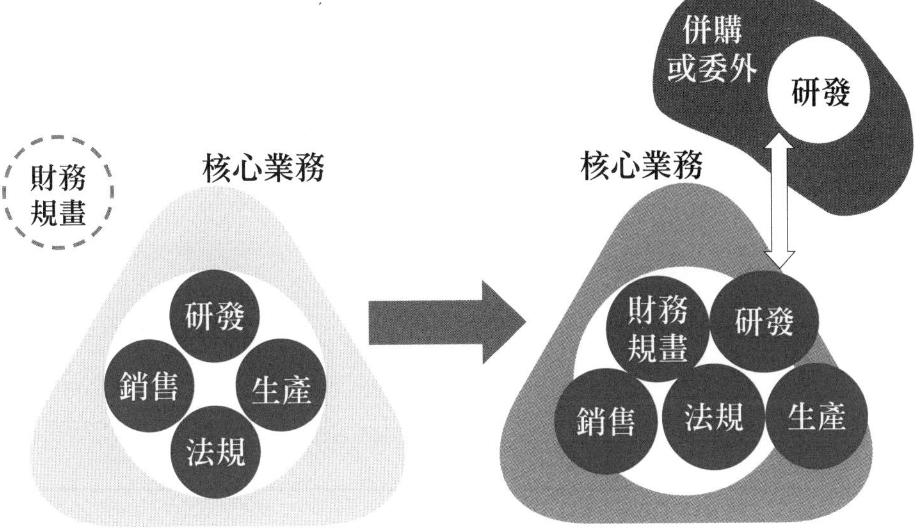

首先，國際大廠發現，將部分生產委託給專業代工藥廠代工，可以降低成本，這就如同蘋果將產品外包給鴻海、和碩及緯創來代工是一樣的道理。於是主業不是研發新藥的製藥廠商就比以前多了。

研發委外或是購買 更有效率且財報更好看

其次，研發雖然是重中之重，但研發同樣也可以委外或是購買，其原因有 3：

1. 歐美大藥廠的規模太大，組職較缺乏彈性，導致各項成本普遍較高，將部分研發工作外包可以降低研發成本。

2. 藥物的研發就是從大量的物質中，去找出對特定疾病有醫療效果又不會毒死人的成分以及配比。藥廠有很多專業人員在做這件事，但是如果能委外，讓全世界更多的人去找這些原料或物質，不是更快更有效率嗎？讓外部團隊去找出這些物質，由這個團隊從事前期的毒性分析、動物試驗、甚至早朝的臨床試驗，公司再把整個研究成果買下來，不是更有效率嗎？

3. 會計原則的規定更有利於向外購買研發成果的公司。這個原因大幅改善歐美大藥廠會計上的獲利能力，並進而間接促進台灣生技產業在藥物研發業的發展。舉例來說，由於研發新藥的支出，在會計上大多被歸類為研發

費用，在財報上不能當資產（無形資產）。假設歐美大藥廠一位 CEO 新上任，為了改善藥廠的獲利能力，他決定裁掉一半的新藥研發項目及研發人員，請這些研發人員回家吃自己。假設這家大藥廠裁員後，一年可以省下 10 億美元的研發費用，換句話說，代表這家公司一年可以多賺 10 億美元，從而讓 EPS 大幅提高，公司的股價自然上漲。另一方面，遇到這種裁撤研發項目的情形，被裁撤的研究人員通常會再組成研發團隊，並且找創投募資，繼續就自己已經熟悉或研究到一半的項目進行研究。研發畢竟是歐美大藥廠的根本，於是 3 年之後，藥廠回頭詢問當年被裁員並組成新公司的研發人員，近年來的研發成果如何？是否有研發成功的成果？事實上，新藥的研發大多是失敗的，但說不定當時被解雇的 20 組研發團隊裡面，就有 1 個研發案是成功的，於是藥廠就把這個成功的研發成果買下來。

假設藥廠用 20 億美金把這個成功的研發成果買回來。總結一下這個案例，我們會發現這家大藥廠 3 年所節省的研發費用不是 30 億元，而是 10 億元，但是依照會計原則，這家藥廠會計上的獲利成果卻不一樣了！

首先，藥廠在解雇研發人員之後，前 3 年每年因為節省 10 億的研發費用，其獲利能力及 EPS 均大幅提升。第 3 年底或第 4 年初雖然花了 20 億美金購買成功的研發

案件，但已經不影響其前 3 年的獲利了。

此外，這 20 億美金買到的東西，依會計原則將被歸類為「無形資產」，而不是費用。這項「無形資產」的一部分會被視為專利或是專門技術，這部分會按 20 年攤提成費用；其餘部分會被視為商譽，在 1980 年代商譽可以按 40 年攤提，但近年來會計原則對商譽的規定是不須攤提，除非經評估發生減損。因為可以分 20 年攤提為費用，甚至不必攤提，它對第 4 年以後損益的影響並不大。所以第 4 年以後的財報上，其獲利能力依舊會相當漂亮。

無形資產占比高

因為這樣，像輝瑞國際大藥廠 2019 年的財報（見表 5-1，表 5-2）會有以下特色

1. 無形資產占總資產的 56%。
2. 存貨因為生產及安定期因素，週轉天數達 296 天。
3. 營業成本極低，只占營收的 20%。
4. 推銷費用及研發費用分別高達 28% 及 17%。
5. 其他產業沒有或很少的無形資產攤銷費用達 9%。
6. 稅後淨利每年均在 20% 以上，獲利驚人。

表 5-1　輝瑞國際 2018-2019 年資產負債表（摘要）　單位：百萬美元

	2019 年度	2018 年度
資產		
現金及約當現金	1,305	1,139
短期投資	8,525	17,694
應收帳款淨額	8,724	8,025
存貨	**8,283**	**7,508**
遞延所得稅資產 - 流動	3,344	3,374
其他流動資產	2,600	2,461
待售資產	21	9,725
流動資產合計	**32,803**	**49,926**
採用權益法之投資	17,133	181
長期投資	3,014	2,586
不動產、廠房及設備 - 淨額	13,967	13,385
可辨認無形資產 - 淨額	**35,370**	**35,211**
商譽	**58,653**	**53,411**
其他非流動稅項資產	2,099	1,924
其他非流動資產	4,450	2,799
資產總計	**167,489**	**159,422**
負債及權益		
一年內到期之長期借款	16,195	8,831
應付帳款	4,220	4,674
應付股利	2,104	2,047
應付所得稅	980	1,265
其他應付款項	2,720	2,397
其他流動負債	11,083	10,753
待售負債	0	1,890
流動負債合計	**37,304**	**31,858**
負債總計	**104,042**	**95,664**
特別股	17	19
普通股	468	467
其他股東權益	62,962	63,272

因為生產及藥品安定期因素，存貨週轉天數達 296 天

2 項無形資產合計 940 億占總資產的 56%

資料來源：美國 SEC 的 EDGAR 網站

表 5-2　瑞輝 2017-2019 年合併損益表關鍵數字比較（摘要）

單位：百萬美元

	2019	2018	2017
營業收入	51,750	53,647	52,546
成本與費用			
營業成本	**10,219**	**11,248**	**11,228**
推銷及管理費用	**14,350**	**14,455**	**14,804**
研發費用	8,650	8,006	7,683
無形資產攤銷費用	**4,610**	**4,893**	**4,758**
重組費用及併購相關成本	747	1,044	351
健康事業部門交易收益	(8,086)	0	0
其他（收）支－淨額	3,578	2,116	1,416
繼續營業單位稅前淨利	17,682	11,885	12,305
所得稅費用（利益）	1,384	706	(9,049)
繼續營業單位稅後淨利	16,298	11,179	21,353
停止營業部門稅後淨利	4	10	2
本期淨利	16,302	11,188	21,355
歸屬非控制權益之淨利	29	36	47
歸屬母公司業主之淨利	**16,273**	**11,153**	**21,308**
每股淨利 - 母公司業主（元）	2.92	1.90	3.57

（圖說標註）
- 銷貨成本極低，只占營收的 20%
- 推銷費用高
- 無形資產費用較其他行業高
- 稅後淨利率至少 20%

　　筆者認為，台灣近年來生技產業中的藥品研發業興起，國際大藥廠的商業模式改變，以及會計原則的規定，在其中發揮相當重要的作用。

投資人 Notes

- 1980 年代後期，歐美大藥廠為了降低成本，商業模式朝向精簡研發規模以及增加併購的方向發展。

- 國際大藥廠的財報特色，資產負債表方面是無形資產占比高，而無形資產中的商譽有無減損，通常只有天知道。損益表方面是毛利率、推銷費用費、研發費用率和稅後淨利率都很高。

一、台灣的藥品研發業

藥品研發業的主要商業模式

　　台灣並沒有一家像國際大藥廠那種商業模式的大藥廠。台灣的製藥業主要分為藥品研發和藥品製造銷售兩種子產業。我們先介紹台灣藥品研發業的商業模式。

　　新藥研發過程一般可分為前期的「臨床前研究」與後期的「人體臨床試驗」兩大階段，前者主要在探索治病的物質，了解其毒性、什麼樣的濃度或處理，才會對所實驗的動物有定義上的效果。動物試驗通過後，接著就會進入人體臨床試驗。人體臨床

試驗依參加試驗的人數又可分成三期，除非例外，否則只有通過第三期臨床試驗的藥物，才能取得政府的新藥核可，正式對外販售這種新藥。

台灣大部分的藥品研發業者，主要從事這兩個階段的新藥研發或舊藥品新應用的研發。

但由下圖的統計我們可以知道：

1. 大部分新藥的開發時間都很長，而且大部分是失敗的。
2. 越在後期失敗，累計投入的成本越高，表示失敗的代價就越大。

大多只做研發，不做生產和銷售

歐美大藥廠是從挑選物質、進行研究、取得法規核可到銷售藥物的一條龍商業模式，但台灣藥品研發業者的商業模式，主要是進行研究，然後將研究成果賣（授權）給大藥廠的方式來獲利。台灣藥品研發業者自己研發成功的藥品，很少觸及生產及銷售端。形成這種半吊子的商業模式是因為：

1. **缺乏資金**

   歐美大藥廠財報上通常會擁有數十甚至數百億美元的資金，加上手頭上還會有數種甚至十種以上的專利藥，為其日夜不斷的賺錢，這些資源讓其研發工作沒有後顧之

圖 5-2　新藥開發時間平均超過 10 年

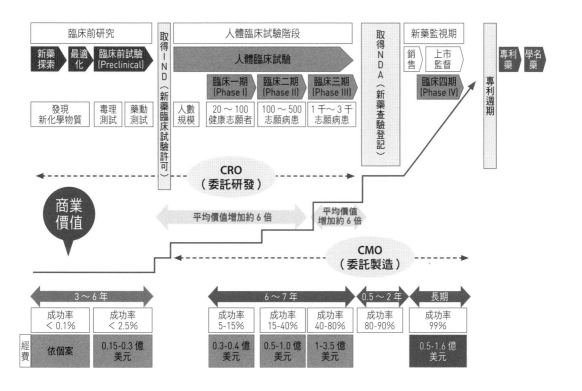

資料來源：美國 FDA、生物技術開發中心

憂。反觀台灣業者，資本都很小，手頭上擁有 1 億美金以上營運資金的公司屈指可數。這麼少的資金很難做完臨床三期的試驗。為了獲取資金或早日呈現獲利，很多公司在研發到特定階段，例如在臨床一期或二期後，就會將研發成果賣給同業或歐美的大藥廠，以便及早收回資金。

2. 缺乏銷售通路

民間有一句諺語叫「戲棚下站久了就是你的」。西藥緣自歐美國家，歐美大藥廠研發、生產及銷售西藥已達數百年之久，憑藉著多年的生意往來，並且掌握全球大部分的專利藥，他們和全世界的醫療單位關係良好，賣藥時甚至是用包裹或配套方式來銷售。例如一口氣將愛滋病、糖尿病、高血壓等 20 種藥品，以一整包的方式來販售。台灣藥廠即使研發出了新藥，例如糖尿病新藥，如果想要自己賣，不但行銷費用過高，也很容易受制於歐美大藥廠的包裹式銷售法而敗下陣來。試想：當大廠一次就有糖尿病等等的 20 種藥可以賣，小廠卻只有 1 種糖尿病的藥可賣時，競爭優劣立判。這就是台灣藥品研發業者很少觸及生產及銷售自己研發成功的藥品的主要原因之一。

階段性的授權收入模式

當台灣業者將研發成果賣出去時，不管是出售走到臨床一期、二期的研發成果，讓買方繼續進行研發，或是出售三期（連藥證都拿到）的研發成果，藥廠收到的錢，最多會包括：

1. 簽約金

在簽約時收到一筆頭期款，但這一筆錢通常不高。

2. 階段授權金（或稱里程碑授權金）

當業者將研發成果（例如臨床一期）賣出後，如果繼續研究的買方通過後期的臨床試驗（例如臨床二期），依業界慣例，每通過一期，賣方都可以獲得一筆階段授權金。通常而言，階段授權金的多寡與原始簽約金的金額成反比；另外，越是後期階段，授權金就越高。

3. 授權共同開發

有些大藥廠買下臨床一期或二期的研發成果（也就是研發數據）後，基於效率或研發成本，可能會付費請賣方繼續研發，這時賣方就可以透過「授權共同開發」賺取打工費。

4. 按銷售淨額的一定比率收取權利金

比如藥廠將臨床二期的研發成果賣出後，簽約時收到一筆收入，倘若大藥廠接著繼續研發，研究完畢發現無

效，那麼就沒有後續收入；如果買方的第三期研究發現有效，並成功做成藥品銷售，那麼除了獲得階段授權金外，每賣一顆藥，還可按銷售淨額的比率，收取權利金收入。

以智擎為例，該公司研發的胰臟癌新藥成功取得歐美藥證，該公司於 2011 年將該藥在亞洲（日本、台灣除外）及歐洲地區之開發、銷售等權利，授權予美國 Merrimack 藥廠，因此獲得下列 4 種收入，創下國內新藥授權金紀錄，如表 5-3 所示。

表 5-3　智擎新藥授權金紀錄

簽訂時	1,000 萬美元
階段授權金	2 億 1,000 萬美元
再授權時	Merrimack 於 2014 年再授權予百特醫療（Baxter）：700 萬再授權簽約金，加 3,950 萬階段再授權金。
銷售分潤	按 PEP02 在歐洲及亞洲之淨銷售額，有不同百分比之權利金收入。

因此台灣藥品研發業者的商業模式主要在獲得簽約金及授權金，其次才會是銷售分潤收入，自己生產並銷售的公司非常少。

在了解研發只能做為費用，且必須研究有了成果之後才會產生收入之後，讀者就能明白，為何很多藥品研發業者每年都在虧損，獲利的時候突然會有一筆巨額收入，這就是該產業的產業特性所致。

藥品研發業的財務報表

看現金還能燒多久

　　既然台灣藥品研發業的產業特性就是如此，那麼去看藥品還在研發階段業者的損益表，重點就是看它一年要燒多少錢，**看資產負債表要看當中的「現金與約當現金」以及可以變成現金的各項「金融資產」有多少。因為現金越多，表示越有錢可以進行研發，可以支撐的時間越久。**

　　以浩鼎為例，該公司 2019 年的「現金及約當現金」有 45.5 億，1 年的費用則是 14 億，表示在研發達到可以授權出去之前，該公司的現金水位可以讓該公司再撐 3 年。

　　除了看懂損益表及資產負債表的重點以外，投資人還必須隨時聽取公司發布的訊息，比如目前這顆新藥是在臨床試驗階段的哪一期。此外最好還要多方打聽這家公司研發成功的機會究竟有多大？因為那是逃命或繼續押寶的關鍵所在。

　　另一方面，對於已經將研究案（臨床一期或二期）或成功的新藥（通過三期）授權出去，因此開始有收入的公司，投資人該怎麼辦？

　　通過臨床一期或二期的授權案，除了有一筆授權簽約金外，如果後期的試驗也成功的話，業者通常還可以收到階段授權金，

表 5-4　藥品研發業的財務報表——以浩鼎為例

浩鼎 2018~2019 合併資產負債表（摘要）			單位：仟元	
會計科目	2019 年度		2018 年度	
	金額	%	金額	%
流動資產				
現金及約當現金	4,551,114	80	3,664,593	78
應收帳款淨額	854		872	
其他應收款	38,341	1	37,216	1
預付款項	115,667	2	90,548	2
流動資產合計	4,705,976	83	3,793,229	81
非流動資產				
透過其他綜合損益按公允價值衡量之金融資產—非流動	8,318		7,454	
不動產、廠房及設備	253,487	5	235,442	5
使用權資產	121,464	2	-	-
無形資產	513,633	9	574,075	12
其他非流動資產	60,288	1	99,294	2
非流動資產合計	957,190	17	916,265	19
資產總計	5,663,166	100	4,709,494	100

現金為一年營業費用的 3 倍多

浩鼎 2018~2019 合併綜合損益表（摘要）			單位：仟元	
會計科目	2019 年度		2018 年度	
	金額	%	金額	%
營業收入	872		13,339	1
營業成本	-	-	(5,286)	(1)
營業毛利	872	-	8,053	-
營業費用				
管理費用	(267,538)	(18)	(308,653)	(24)

會計科目	2019 年度		2018 年度	
	金額	%	金額	%
研究發展費用	(1,184,195)	(82)	(1,127,083)	(90)
營業費用合計	(1,451,733)	(100)	(1,435,736)	(114)
營業損失	(1,450,861)	(100)	(1,427,683)	(114)
營業外收入及支出				
其他收入	95,161	6	90,935	7
其他利益及損失	(86,773)	(6)	82,618	7
財務成本	(2,708)	-	(1,672)	-
營業外收入及支出合計	5,680	-	171,881	14
稅前淨損	(1,445,181)	(100)	(1,255,802)	(100)
所得稅利益	5,591	-	6,309	-
本期淨損	(1,439,590)	(100)	(1,249,493)	(100)

資料來源：公開資訊觀測站

甚至新藥成功後，依銷售淨額分得收益。至於能拿多少，投資人就必須研讀財報中的附註，並多關心消息面。

留意新藥專利的利多出盡

還有一件有趣的事值得談談。很多開始獲利的藥品研發業者，其股價反而比虧損的公司來得低，這是什麼原因？

原因在於「利多出盡」！新藥研發出來以後，隨著專利時間越到尾聲，股價自然越來越低。而還在研發階段的公司，如果這個案子被認為成功率高而且市場很大，大家對它期待自然很高，股價就會升天。這就是所謂「有夢最美」吧！

舉例來說，相較浩鼎與中裕新藥目前仍處於研發的虧損階段，智擎 2011 年早已將胰臟癌新藥授權給 Merrimack 公司，智擎即使享受到了紅利，但是隨著 2019 年以後進入成熟期，其股價反而比前面兩家公司的股價要低，就是智擎有利多即將出盡的意味。

研發案少　成敗賭注大

　　很多投資人會問，難道智擎在推出新藥以後，沒有再繼續研發其他新藥嗎？當然有。但可惜他的新研發案不大受投資人青睞。這是很殘酷的事，也反映出台灣藥廠研發的弱點。因為相較於歐美大廠資源豐沛，可以同時研發數個到數十個不同的新藥項目；台灣的研發團隊小，公司規模不大，每個研發藥廠通常只能從事 1 ～ 3 個研發案，由於新藥研發的成功機率很低，台灣業者受限於研發的項目不夠多，致使研發就像一場賭博，不是大勝就是大敗。

　　綜上，對於藥品研發業，投資人必須具備產業知識同時留意消息面，了解其開發處於臨床的哪一個階段，以及成功的機率；其次，從損益表和資產負債表內容，去評估其「活下去的儲糧」是否充足，做為是否投資及繼續投資的評斷標準。對於已經成功的公司，也須留意其新藥的銷售狀況，及新研發案的市場規模與成功機率。

- 對於研發尚未成功的業者，財報重點在資產負債表的「現金與約當現金」及「金融資產」有多少。資金越多，表示可以支撐的時間越久。

- 如果能將研發成果授權出去，最多會有 4 種收入模式：1. 簽約金；2. 階段授權金（里程碑授權金）；3. 授權共同開發金。4. 按銷售淨額的一定比率收取權利金。

- 隨時注意消息面，如新藥的臨床試驗階段進展如何？研發成功機會有多大？做為逃命或繼續押寶的決策參考。

二、藥品製造銷售業

台灣有不少藥品製造業，如永信、中化、東洋及神隆等，這類公司主要製造學名藥與原料藥。

一個藥廠如果成功研發出一種新藥，新藥會受到專利保護，在專利保護期間，其他藥廠都不能生產及銷售，這種藥俗稱「專利藥」，價格當然就由原廠說了算。但是當該藥的專利到期後，其他藥廠經過核可後，都可以根據原廠的配方生產及銷售。當「專利藥」過了專利期，由非原藥廠生產及銷售的相同藥品，俗稱為「學名藥」。永信主要就是生產及銷售「學名藥」的代表性

藥廠。

「原料藥」是指無法給病人直接服用,必須再經過多重處理甚至添加其他成分後才能被病人使用的藥物。製藥廠買進原料藥後,再添加其他成分而製成「專利藥」或「學名藥」。因為主要是做為其他藥品的原料,所以被稱為「原料藥」。神隆是生產及銷售「原料藥」的代表性藥廠。

從圖 5-3 可看出,台灣大多數的藥廠都在生產「學名藥」,而非新藥,畢竟新藥的研發成本實在太高,風險也太高。而且台灣藥品製造業以內銷為主,規模也不大。

製藥業的資產負債表

製藥業的財報看起來與製造業非常相似,從表 5-5 永信的資產負債表可以看到,「不動產、廠房及設備」及「使用權資產」達 46 億;第二大類是存貨,第三類則是應收帳款。

這裡我們發現,永信藥品 2019 年底的存貨週轉天數達 209 天。通常而言,藥廠的存貨週轉天數比較高,如果是因為儲備原料藥(帳列原料)所致,則問題不大。如果存貨週轉天數高是成品(帳列製成品)金額高所致,在管理上就有檢討的必要。因此讀者在看到藥廠的存貨週轉天數高時,不要立刻以為有重大問題,應該去**看一下存貨附註,了解是哪一方面金額高所致**。

圖 5-3 台灣主要製藥公司之產品銷售收入

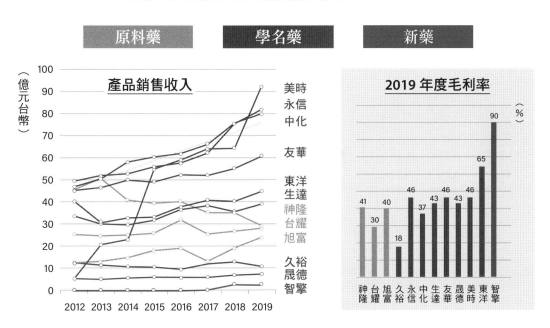

應收帳款方面，永信的應收帳款天數是 84 天。讀者可以將永信與台灣其他製藥業者相比，以判斷其經營績效。

總體來說，製藥廠的資產負債表除了存貨週轉天數比較高外，整體上與傳統製造業非常類似。

製藥業的損益表

台灣製藥廠的毛利率大多在 4 成多左右，看起來不錯，但不

表 5-5　製藥業資產負債表——以永信藥品為例

永信 2018~2019 合併資產負債表（摘要）				單位：仟元
會計科目	2019 年度		2018 年度	
	金額	%	金額	%
流動資產				
現金及約當現金	1,311,760	11	1,174,242	10
按攤銷後成本衡量之金融資產—流動	24,755	-	26,542	-
應收票據淨額	302,418	2	411,076	3
應收帳款淨額	1,586,047	13	1,488,960	13
應收帳款—關係人淨額	59,653	1	57,249	-
其他應收款	**54,334**	**-**	**11,678**	**-**
本期所得稅資產	-	-	14,755	-
存貨	**2,510,726**	**20**	**2,305,831**	**20**
預付款項	228,400	2	194,201	2
其他流動資產	5,728	-	3,241	-
流動資產合計	6,083,821	49	5,687,775	48
非流動資產				
透過其他綜合損益按公允價值衡量之金融資產—非流動	70,246	1	51,832	-
採用權益法之投資	1,173,857	9	1,141,309	10
不動產、廠房及設備	**4,537,304**	**37**	**4,441,706**	**38**
使用權資產	**109,500**	**1**	**-**	**-**
投資性不動產淨額	39,959	-	25,973	-
無形資產	41,252	-	45,977	-
遞延所得稅資產	93,552	1	83,161	1
其他非流動資產	209,963	2	287,916	3
非流動資產合計	6,275,633	51	6,077,874	52
資產總計	12,359,454	100	11,765,649	100

（表中標註）週轉天數為 84 天

（表中標註）存貨占比高，週轉天數達 209 天

（表中標註）合計達 46 億，占比最高

資料來源：公開資訊觀測站

表 5-6 製藥業損益表──以永信藥品為例

永信 2018~2019 合併綜合損益表（摘要）			單位：仟元	
會計科目	2019 年度		2018 年度	
	金額	%	金額	%
營業收入	8,191,531	100	7,513,686	100
營業成本	(4,383,759)	(53)	(4,078,723)	(55)
營業毛利淨額	3,807,772	47	3,434,963	45
營業費用				
推銷費用	(1,962,565)	(24)	(1,706,262)	(23)
管理費用	(555,321)	(7)	(555,804)	(7)
研究發展費用	(397,982)	(5)	(370,735)	(5)
營業費用合計	(2,915,868)	(36)	(2,632,801)	(35)
營業利益	891,904	11	802,162	10
營業外收入及支出				
其他收入	77,727	1	80,667	1
其他利益及損失	14,250	-	1,871	-
財務成本	(70,676)	(1)	(62,005)	(1)
採用權益法認列之關聯企業及合資損益之份額	98,693	1	110,472	2
營業外收入及支出合計	119,994	1	131,005	2
稅前淨利	1,011,898	12	933,167	12
所得稅費用	(257,887)	(3)	(247,915)	(3)
本期淨利	754,011	9	685,252	9

> 推銷及研發費用可觀
> 使得毛利率雖高，
> 淨利率卻僅約 1 成

資料來源：公開資訊觀測站

要認為很好賺，事實上，藥廠為了把藥賣掉，必須花費大筆推銷費用向醫院、診所和藥房推銷與交際。以永信為例，它的推銷費用高達 24%。在研發費用方面，台灣製藥廠雖然沒有像新藥研發般的嚇人支出，但「學名藥」的研究及申請藥證、既有藥品的安定掌控與品管，也是一大支出，因此研發費用也很可觀。

總體來說，台灣製藥業因為固守學名藥及原料藥的生產及銷售，沒有從事新藥研發，整體現象是獲利普遍穩定，但也不會有爆發性成長的情形。反映在其損益表則是，除了多出研發費用項目外，整體上和零售通路業（如統一超）很類似，就是毛利率和推銷費用率都偏高。

- 製藥業的財報看起來與製造業非常相似，資產負債表中的不動產、廠房及設備、使用權資產、存貨、應收帳款為重點。也因此獲利普遍穩定，但也不易有爆發性成長。

- 台灣製藥廠毛利率大多在 4 成多，看似不錯，但推銷費用和研發費用也很可觀。

三、醫材業

所謂醫療器材係以儀器、裝置、器械、材料、植入物、體外

表 5-7　我國醫療器材產業範疇及主要產品

分類 次產業別	主要產品項目
診斷與監測用器材	血壓計、體溫計、耳溫槍、心電圖計等生理監測器材；X 光機、超音波、電腦斷層、核磁共振等醫學影像設備；以及電子病歷系統、醫療影像傳輸系統等醫療資訊系統。
手術與治療用器材	核子醫學設備、放射治療設備、雷射治療設備、洗腎器材、麻醉與呼吸治療器具、物理治療器具、動力手術器具等手術與治療類產品。
輔助與彌補用器材	失能人士用車、助行器、隱形眼鏡、助聽器、矯正眼鏡等功能輔助用器材，以及骨科醫材產品等身體彌補用產品。
體外診斷用器材	血糖計、生化分析儀、免疫分析儀、體外診斷試劑等。
其他類醫療器材	手術燈、保溫箱 / 消毒器、病床等醫用家具產品，以及導管、注射器、急用器材、傷口照護器材等醫用耗材。
預防疾病與健康促進之設備及用品	其他可促進健康之相關產品，如跑步機、飛輪訓練機、踏步機等健身器材以及按摩器具等設備及用品。

資料來源：經濟部工業局；工研院產業科技國際策略發展所，2019 年。

檢驗試劑或其他物件，達成疾病的診斷、預防、監護、減緩、治療等功能之器材。

醫材和藥品的不同，在於藥品經由人體吸收來治療病症，醫材則不能被人體吸收，只能用來協助人體功能、診斷疾病或是一些輔助性用具或耗材。協助人體功能的醫材如人工關節、各式眼鏡、牙齒等，診斷疾病的醫材如血壓計、X 光機、核磁共振設備等，耗材如口罩、血糖試片、病床等。

很多醫材，特別是侵入式的醫材和藥品，一樣必須經過開

圖 5-4　醫療器材研發過程

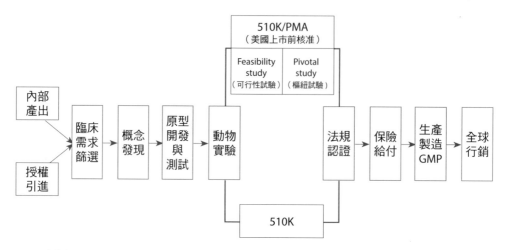

資料來源：益安公司公開說明書

編按：510 K 是向 FDA 提出的上市前申請文件，目的是證明申請 510 K 的醫療器材，不需進行上市前核准 (PMA) 且與已合法上市之產品具相同安全性及有效性。

發、測試、動物實驗甚至臨床試驗等過程通過後，才能被政府核准上市。

　　國際性醫材大廠的商業模式和國際藥廠的商業模式很接近，就是本身會把部分生產外包出去，並且透過併購來壯大自己。這些國際醫材大廠的財務報表特色和國際藥品大廠類似，我們就不再贅述。

台灣大部分上市櫃醫材公司都是從事醫材研發、生產及行銷之綜合型醫材公司。這是因為台灣本就在電子、機械及生物科技上有很好的基礎，很容易在一些初級的醫材產品上立足。近年來隨著技術愈發精進，正逐漸往高端市場邁進。（見圖5-5）

醫材業的財務報表

台灣醫材業的商業模式以替國際醫材大廠代工為主，其報表無論是資產負債表還是損益表，看起來都很像傳統製造業。其實大部分的醫材公司就是製造業。既然是製造業，資產負債表平時主要看「存貨」與「應收帳款」是否合理；損益表方面，毛利率及推銷費用率都比較低，主要看營收是否足以支應成本及費用，進而獲利。

但也有少數醫材業者發展自我品牌，例如生產醫療用氣墊床及防止睡眠呼吸中止呼吸器的雃博，其85%的營收就來自自有品牌。發展自我品牌的醫材公司，其毛利率和推銷費用率會比較高。其獲利能力主要靠營收，營收高獲利就高，例如從事自有品牌的隱形眼鏡商金可，靠著廣大的大陸市場，獲利頗佳。但是從**事自有品牌的醫材業者必須注意其應收帳款及存貨的管理**，以免發生巨額呆帳或存貨減損損失。（見表5-8）

圖 5-5　台灣近年上市櫃之醫療器材公司

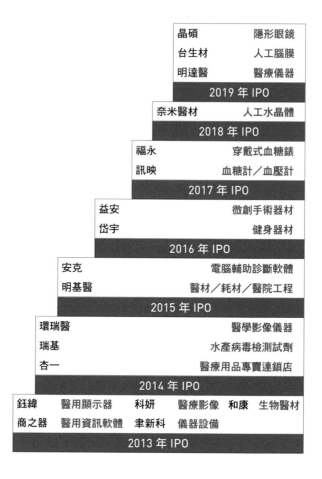

血壓／體溫／血糖計	9 家
血液透析產品銷售	2 家
醫療耗材	2 家
隱形眼鏡／光學鏡片	2 家
儀器設備	2 家
運動器材	2 家
電動代步車	1 家
輔具	1 家
生物晶片	1 家
人工骨材、骨釘骨板	2 家
光學儀器	1 家
2012 年及以前 IPO	

晶碩	隱形眼鏡
台生材	人工腦膜
明達醫	醫療儀器
2019 年 IPO	

奈米醫材	人工水晶體
2018 年 IPO	

福永	穿戴式血糖錶
訊映	血糖計／血壓計
2017 年 IPO	

益安	微創手術器材
岱宇	健身器材
2016 年 IPO	

安克	電腦輔助診斷軟體
明基醫	醫材／耗材／醫院工程
2015 年 IPO	

環瑞醫	醫學影像儀器
瑞基	水產病毒檢測試劑
杏一	醫療用品專賣連鎖店
2014 年 IPO	

鈺緯	醫用顯示器	科妍	醫療影像	和康	生物醫材
商之器	醫用資訊軟體	聿新科	儀器設備		
2013 年 IPO					

表 5-8　醫材業的損益表——以雅博為例

雅博 2018~2019 損益表（摘要）			單位：仟元	
會計科目	2019 年度		2018 年度	
	金額	%	金額	%
營業收入	2,036,232	100	2,105,748	100
營業成本	1,182,415	58	1,228,877	58
營業毛利	853,817	42	876,871	42
營業費用				
推銷費用	273,896	13	290,413	14
管理費用	307,265	15	317,452	15
研究發展費用	138,194	7	132,163	6
預期信用減損損失（迴轉利益）	5,699	-	(62)	-
營業費用合計	725,054	35	739,966	35
營業淨利	128,763	7	136,905	7
營業外收入及支出				
其他收入	4,688	-	5,181	-
其他利益及損失	4,734	-	22,106	-
財務成本	(17,996)	(1)	(9,686)	-
採用權益法認列之關聯企業及合資損益之份額	8,237	-	(4,235)	-
營業外收入及支出合計	(337)	(1)	13,366	-
稅前淨利	128,426	6	150,271	7
減：所得稅費用	39,622	2	40,954	2
本期淨利	88,804	4	109,317	5

（圖中標註）發展自有品牌，毛利率較高

（圖中標註）發展自有品牌，推銷及研發費用可觀

資料來源：公開資訊觀測站

投資人 Notes

- 大部份醫材業屬製造業，資產負債表主要看存貨與應收帳款是否合理。

- 醫材代工業毛利率及推銷費用率較低，主要看營收是否足以支應成本及費用，進而獲利。

- 發展自有品牌的廠商，毛利率和推銷費用率較高，獲利能力主要靠營收。

6

銀行業
財報解析

台灣金控股多以銀行及壽險為主體
但要看懂它們的財報是一大挑戰
即使學過會計的人也很難看懂
由於銀行會操作複雜的投資
使其財報項目也特別複雜

台灣上市的金融業大部分是金控公司及銀行。要看懂銀行業的財報很難，要看懂金控業的財報更難，因為具規模的金控公司，財報大多由證券、銀行、壽險、產險、投信等一籮筐金融相關公司的財報合併而成。但是金控公司的主要業務，除了元大金控和國票金控外，大多是以銀行或壽險為主，或兼而有之。例如玉山金控以銀行為主，國泰金控則主要以壽險為主，而富邦則是銀行及壽險兩引擎。讀者看懂銀行業及壽險業的財報後，基本上就能看懂金控業的財報。本單元我們先來介紹銀行業財報，下一章再介紹壽險業財報。

台灣是一個銀行林立的國家，根據銀行局的統計，截至 2020 年 3 月為止，台灣共有銀行 36 家、外商在台分行 29 家、農漁會及信用合作社 334 家、票券公司 8 家以及中華郵政。這些銀行及準銀行總共開了超過 5,900 家分支機構，完全超過 7-11 全台的店數。因為實在太多太多了，使得銀行間競爭激烈，服務也比世界各地銀行的服務好多了。

台灣規模較大、可以較自由吸收存款及放款的銀行是 36 家公司制商業銀行，這 36 家銀行基本上可以分成由政府控制的公股銀行（例如兆豐銀行、土地銀行）、由私人大股東掌控的民營銀行（例如中國信託銀行、台北富邦銀行），以及由外國銀行投資的外資銀行（例如花旗銀行、星展銀行）。

銀行業的商業模式

銀行的商業模式，主要是運用所吸收到的存款、借進來的錢以及所擁有的人脈來做三件事。

1. 將所吸收的存款及借進來的資金貸放出去，以賺取利息收入。

2. 將所吸收的存款及借進來的資金拿去投資債券、股票或相關衍生性金融商品，甚至發行衍生性金融商品，以賺取各種投資及操作收益。

3. 透過協助客戶辦理金錢交易，賺取相關手續費或佣金。比如發行信用卡以賺取刷卡手續費、為客戶辦理各項匯款以賺取匯款手續費、為客戶辦理外匯結匯以賺取匯差、介紹客戶購買保險或理財型商品以賺取佣金等。

簡單來說，銀行業的商業模式中，收入就是由利息、投資與手續費所組成；主要成本就是收受各種存款或是發行債券的利息費用、員工的人事成本、通路成本（包括分行租金、網路通訊、水電等），以及不景氣或是黑天鵝事件時就會暴漲的呆帳。當銀行吸收的存款足夠多，又經營得法時，只要不碰到黑天鵝事件或全球性蕭條，收入就會大過成本而賺到錢。

為了在到處是競爭者的環境中生存，台灣的三類銀行（公股、民營及外資銀行）甚至同類銀行間，都會發展出自己獨特的

商業模式，例如比起其他銀行，玉山銀行積極性投資的部位比較高；京城銀行的投資活動中，買賣股票的比重較同業高；中信銀在手續費收入方面績效卓著。

而我們透過閱讀特定銀行的財報，可以更了解這家銀行的商業模式，了解這家銀行財報關鍵數字的意義，並據以推測未來獲利的多寡。例如我們可以根據在 2020 年 3 月底的股市及債市狀況，合理推估因為新冠疫情，2020 年第 1 季哪些銀行的投資收益相對上會減少比較多，疫情如果延續下去，哪些銀行的呆帳損失相對上會比較大。

由於產業的特殊性，一般人大多看不懂銀行業的財務報表。為了教讀者看懂銀行業的財務報表，這一章的內容會比較冗長而且無趣，因此需要讀者閱讀時更加專注！甚至要反覆重讀才會有更好的收穫。

資產負債表

以下我分別從資產負債表的負債和資產兩個面向來說明。

負債面

銀行負債面，其實就是它的資金來源，除了自有資本以外，銀行資金的來源主要是透過收受存款及借款而來。存款面最重要

的科目就是「存款與匯款」，指的是來自存款人的錢，這些錢就是銀行對存款人的負債。「存款與匯款」幾乎沒有例外的是商業銀行的第一大負債科目。以中信銀為例，其 2019 年底帳列的「存款與匯款」高達 3.2 兆元，占其總資產的 80%。台灣大部分的銀行「存款與匯款」科目金額大多占總資產的 75% 以上。

其他資金來源包括向外發行公司債（金融債券）、向央行或銀行同業拆借、收受特殊客戶之結構型存款、從事金融操作。這些負債會反映在「應付金融債券」「其他金融負債」「透過損益按公允價值衡量之金融負債」和「央行及銀行同業融資」「附買回票券及債券負債」等等幾個科目上。這些科目加起來通常會占總資產的 10% 左右。

總之，「存款與匯款」科目是銀行資金的主要來源，一般而言，**銀行宜至少吸收 1 兆以上的存款才勉強具備經濟規模**，而金額越大，代表銀行總資產越大、規模越大，可供長態性放款及投資的金額就越多，長期而言經營上會比較穩定。

資產面

銀行大部分的資產必須要能為銀行賺錢，以便支應利息支出及營業費用，進而獲利。為銀行賺錢的資產主要分成「放款及存放同業」及「投資與市場操作」兩大類。這兩大類資產構成銀行資產負債表的主要資產。

表 6-1　銀行業資產負債表之資產面──以中國信託為例

中國信託 2018~2019 合併資產負債表（摘要）　　單位：仟元				
會計科目	2019 年度		2018 年度	
	金額	%	金額	%
資產				
現金及約當現金	❸　71,132,119	2	87,559,487	2
存放央行及拆借銀行同業	❷　250,751,058	6	252,880,081	6
透過損益按公允價值衡量之金融資產	❻　168,688,304	4	163,460,604	4
透過其他綜合損益按公允價值衡量之金融資產	❺　320,550,304	8	253,666,127	7
按攤銷後成本衡量之債務工具投資	❹　694,995,472	17	595,630,666	15
避險之金融資產	330,764	—	34,212	—
附賣回票券及債券投資	❼　852,440	—	1,481,876	—
應收款項─淨額	158,589,562	4	163,682,849	4
本期所得稅資產	742,438	—	912,682	—
貼現及放款─淨額	❶2,417,691,180	57	2,313,708,156	59
採用權益法之投資─淨額	20,967,614	—	19,536,750	1
其他金融資產─淨額	1,202,761	—	2,316,623	—
不動產及設備─淨額	44,333,954	1	47,996,997	1
使用權資產─淨額	15,969,575	—	—	—
投資性不動產─淨額	5,032,906	—	1,841,957	—
無形資產─淨額	15,765,904	—	15,813,711	—
遞延所得稅資產	6,529,966	—	6,968,418	—
其他資產─淨額	33,044,449	1	32,086,622	1
資產總計	4,227,170,770	100	3,959,577,818	100

資料來源：公開資訊觀測站

■ 放款及存放同業面

放款及存放同業面的主要資產科目包括：

1.「貼現及放款」

這個科目代表銀行貸放出去以便賺取利息的錢。「貼現及放款」幾乎沒有例外的是商業銀行的第一大資產科目。關於放款的品質，我們在後面的章節會說明。以中信銀為例，其 2019 年底的金額達 2.4 兆元（見表 6-1 ❶，明細見表 6-2）。

表 6-2　中國信託之「貼現及放款—淨額」明細

	2019.12.31	2018.12.31
商業貸款	578,203,183	537,654,561
微型企業貸款	12,808,882	10,649,313
房貸	693,411,878	639,376,024
車貸	229	359
消費性貸款	128,946,061	115,548,807
台幣放款小計	1,413,370,233	1,303,229,064
外幣放款	1,029,578,390	1,032,120,066
催收款	8,126,855	9,522,741
放款合計	**2,451,075,478**	**2,344,871,871**
減：備抵呆帳	(32,359,494)	(29,991,629)
減：折溢價調整	(1,024,804)	(1,189,317)
購併公允價值調整數	—	17,231
放款淨額	**2,417,691,180**	**2,313,708,156**

資料來源：公開資訊觀測站

2.「存放央行及拆借銀行同業」

　　這個科目中，存放央行的錢可分成兩部分，第一個部分是依規定必須存放在央行充做存款準備的錢，某些存款準備金央行依規定不必支付利息。存放央行其他的錢與拆借給銀行同業的錢則可以收取利息。以中信銀為例，其 2019 年底這個科目的金額有 2,508 億元，其中 2,002 億元屬於可以收取利息的存款或放款（**❷**）。

3.「現金及約當現金」（**❸**）

　　銀行這個科目的金額主要由放置在各個分行的庫存現金及存放同業銀行的存款所構成。存放同業銀行的錢通常也可收取少額的存款利息。

■ 投資與市場操作面

　　銀行業從事投資的金額很大，依會計原則，投資必須依其目的分成一般人看不懂的 3 大科目，並適用不同的會計規定。這是銀行業及壽險業讓人看不懂的主要原因之一。

　　投資與市場操作面的主要資產科目包括：

1.「按攤銷後成本衡量之債務工具投資」

　　銀行會投資各種債券或同業所發行的定存單以賺取利息收

表 6-3　中國信託之「按攤銷後成本衡量之債務工具投資」明細

	2019.12.31	2018.12.31
可轉讓定期存單	382,111,188	379,516,000
國庫券	7,454,154	9,700,256
政府公債	177,874,988	133,664,855
公司債	55,998,220	49,326,261
金融債券	17,567,065	20,268,822
資產基礎證券	50,230,010	613,886
其他	3,791,280	2,583,921
減：備抵損失	(31,433)	(43,335)
合　　計	694,995,472	595,630,666

資料來源：公開資訊觀測站

入。要將債券投資放在這個科目的前提是，投資債券的目的只是要收取合約的現金流（也就是本金及利息），不會想去透過買賣賺取價差，所以「不應」隨意處分這些債券。滿足這個條件的債券投資，就可以放在這個科目。以中信銀為例，其 2019 年底這個科目的金額有 6,950 億元（❹），是僅次於「貼現及放款」的第二大資產科目。

放在這個科目的債券投資，除非遇到信用減損，例如 2020 年美國有許多小型石油公司宣告破產，其發行之公司債也跟著下跌，否則無論利率如何變化，導致債券價格產生變動，通常都不用評估這個變動並將變動數列入損益表內。例如今年買了 100 億元，利率 3% 的某公司 30 年公司債，2 年後因為全球利率上

調，讓這筆利率極低的公司債價值減少了 5 億，這 5 億元的損失依會計規定不用在財報上認列。假如又過了 1 年，因為全球利率大跌，讓這筆公司債變成利率極高的公司債，它原先 5 億元的損失不但不見了，還增值了 3 億元，但是依會計規定，這 3 億元的利益還是不能認列。但是如果這時銀行將這筆債券賣掉，不就可以認列了嗎？所以將債券投資放在這個科目的好處是，平時只要認列穩定的利息收入就好，價格變動的損益認列則可以藉由出售時機來操控，當然這是不好的，幅度太大時，甚至會被主管機關關切。

2. 「透過其他綜合損益按公允價值衡量之金融資產」

銀行為了賺取利息、股息及投資收益（買賣價差），會投資各種債券和股票。債券部分必須滿足兩個條件：首先，這種債券不能連結匯率、利率或股價；其次，投資這些債券的目的是想兼賺利息以及投資收益。股票部分則需在原始認列時「非以持有供交易」為目的，則可列於此分類，且後續不得改變。以中信銀為例，其 2019 年底這個科目的金額有 3,206 億元（❺），是第三大資產科目。

放在這個科目的債券、股票及基金，在未實際賣出前，其價格的變化被稱為「評價損益」（市價－帳列金額），依會計規定，放在這個科目的債券、股票及基金的評價損益，只能放在損益表本期淨利下面的「其他綜合損益」項下。「其他綜合損益」

表 6-4　中國信託之「透過其他綜合損益按公允價值衡量之金融資產」明細

	2019.12.31	2018.12.31
透過其他綜合損益按公允價值衡量之債務工具：		
可轉讓定期存單	3,730,735	16,014,499
國庫券	2,708,389	954,637
政府公債	79,114,620	57,507,819
公司債	16,398,938	14,566,497
金融債券	146,517,077	126,297,054
資產基礎證券	51,716,667	31,581,823
其他證券及債券	3,220,502	1,518,273
金融資產評價調整	2,131,314	15,209
小　　計	305,538,242	248,455,811
透過其他綜合損益按公允價值衡量之權益工具：		
股票	13,531,709	4,730,145
受益憑證	474,056	548,664
金融資產評價調整	1,006,297	(68,493)
小　　計	15,012,062	5,210,316
合　　　計	320,550,304	253,666,127

資料來源：公開資訊觀測站

的意思是說，這項損益不算是正常的損益，揭露在此的目的係供投資者參考，至於如何參考及解讀，有賴於懂產業及精熟會計的人去判斷。

　　以下是中信銀 2019 年損益表下半段有關不算是正式損益的「其他綜合損益」的情形。這裡有兩個科目和「透過其他綜合損益按公允價值衡量之金融資產」這個科目的評價損益有關：

表 6-5　中國信託之「其他綜合損益」明細

	2019.12.31	%	2018.12.31	%
本期淨利	30,901,705	30	29,682,613	31
其他綜合損益：				
不重分類至損益之項目				
確定福利計畫之再衡量數	114,052	—	315,568	
指定為透過損益按公允價值衡量之金融負債其變動金額來自信用風險	1,396,988	1	1,112,346	1
透過其他綜合損益按公允價值衡量之權益工具評價損益	**939,146**	**1**	**(133,778)**	**—**
採用權益法認列之關聯企業及合資之其他綜合損益之份額—不重分類至損益之項目	(4,785)	—	2,850	—
減：與不重分類之項目相關之所得稅	11,187	—	36,354	—
不重分類至損益之項目合計	2,434,214	2	1,260,632	1
後續可能重分類至損益之項目				
國外營運機構財務報表換算之兌換差額	(545,607)	(1)	1,991,563	2
透過其他綜合損益按公允價值衡量之債務工具損益	**2,115,516**	**2**	**110,971**	**—**
採用權益法認列之關聯企業及合資之其他綜合損益之份額—可能重分類至損益之項目	10,231	—	(244,007)	—
減：與可能重分類之項目相關之所得稅	300,379	—	50,221	—
後續可能重分類至損益之項目合計	1,279,761	1	1,808,306	2
本期其他綜合損益	3,713,975	3	3,068,938	3
本期綜合損益總額	34,615,680	33	32,751,551	34

> 股票投資不管賣出與否都不會被認列為正式損益

> 處分前列為股東權益的其他權益；處分後認列為正式損益

資料來源：公開資訊觀測站

① 權益工具的評價差異

權益工具主要是指**股票**，股票的評價差異依規定必須放在

「不重分類至損益之項目」項下的「透過其他綜合損益按公允價值衡量之權益工具評價損益」。以中信銀為例，2019 年底這個科目的金額是利得 9.39 億元。**「不重分類至損益之項目」的意思是說，這個評價損益永遠不會出現在損益表的正式損益中**。例如銀行今年花 10 億元買了一檔股票，年底時這筆投資漲到 11 億元，這 1 億元不會被承認在正式損益中，不能增加 EPS，擺在這裡主要是讓大家過乾癮。當這檔股票在明年被以 13 億元賣掉時，另外 2 億元（13 億－ 11 億）的差異也依然放在這裡，不會被承認為正式損益，自然也不能增加 EPS。換句話說，只要放在「透過其他綜合損益按公允價值衡量之金融資產」這個科目的股票投資，所有的價差都不能被列在損益表正式的損益中。好處是跌了也是放在這裡，不算正式的損失，不會讓 EPS 減少。

那麼，這些評價損益，甚至在股票賣出後，由評價損益轉成已實現損益後，到底會跑到哪裡去？答案是這些損益會**直接列到股東權益的「保留盈餘」中**。這就好像你賺或賠了一筆錢，所有人都知道你的財富因此增減了這一筆錢，你要怎麼花這筆錢都可以，但就是不准你說你賺或賠了這筆錢。

為什麼會這樣？噢！這牽涉到制定會計原則時，會計理論與現實壓力的糾葛！我們就不要再深入挖坑，自尋煩惱了。另一方面，這樣的規定會被如何「運用」？實務上，我看到一些想追求績效又不想承擔太大風險的財務長（所有行業），會運用閒餘資

金去買殖利率很高的股票，例如殖利率 5% 以上的銀行股或電信股。因為殖利率很高，財務長們平時的投資或是理財的績效就會很好，即使股價下跌了，因為損失不必列入正式損益，大部分的董監事及投資人都不懂會計，所以不會知道這項損失！那如果漲了呢？他們必要時就會把它賣掉，並且向老板抱怨，會計上居然規定不能正式認列這個利益，實在是奇怪！而其實他們是在向老板討功勞啦！至於賣出時有虧損怎麼辦？因為賣出時有虧損也不必列為正式損失，所以閉緊嘴巴就好，不用怎麼辦！讀到這裡，讀者可以去翻翻自己有興趣的金控、銀行或一般公司的財報，看看 2020 年第 1 季這種未列入正式損失的金額有多少！

② 債務工具的評價差異

債務工具就是**債券**，債券的評價差異依規定，必須放在「後續可能重分類至損益之項目」項下的「透過其他綜合損益按公允價值衡量之債務工具損益」，以中信銀為例，2019 年底這個科目的金額是利得 21.15 億元。「後續可能重分類至損益之項目」的意思是說，債券在未賣出去前，因為價格變動產生的評價損益，現在雖然不可以列在損益表的正式損益中，但是**等到賣出時就可以正式認列**了。例如銀行今年花 20 億元買了一檔債券，年底時這筆投資漲到 21 億元，這 1 億元不會被正式承認，不能增加 EPS，擺在這裡是讓大家過乾癮。當 3 年後這檔債券被以 23 億元賣掉時，整個 3 億元的價差就可以當作出售當年度的正式利

益，並增加出售當年的 EPS。壞處是如果虧了的話，也會全額當作出售年度的虧損，並讓當年度的 EPS 減少。

那麼放在此科目（「透過其他綜合損益按公允價值衡量之金融資產」）的債券投資，在沒有出售前，平時因為市價變動產生的評價損益，到底跑到哪裡去了？答案是這個評價損益會**暫時列到股東權益的「其他權益」項下**，等到正式處分後再將這筆評價損益，轉成處分年度的正式損益。就好像你的投資賺或賠了一筆錢，所有的人都知道你的財富增減了這一筆錢，但是在正式出售之前，不准你說你賺或賠了這筆錢。

由於「透過其他綜合損益按公允價值衡量之金融資產」這個科目，有評價損益不能放入正式損益的規定，當股票或債券市場激烈變動時，往往會導致損益表失真。我們以 2020 年第 1 季為例，因為受到新冠肺炎疫情的影響，很多銀行表面上賺很多，但若計入「透過其他綜合損益按公允價值衡量之金融資產」的評價損失後，獲利金額會大幅縮減。

為什麼會這樣？噢！剛剛不是說過，是因為理論與現實壓力的糾葛嗎？我們在此一樣就不要再自尋煩惱了。另一方面，這樣的規定會被如何「運用」？實務上看到的是，一些公司，特別是人壽保險業，喜歡運用這個科目來調節損益。怎麼調？方法很簡單，例如公司今年獲利數不足，為了彌補獲利數，公司可以將帳列「透過其他綜合損益按公允價值衡量之金融資產」中「評價上

賺很多」但還未賣掉的債券賣掉，透過將未實現獲利轉成已實現獲利方式，來彌補獲利的不足。反之當獲利太高時也可以反向操作。當然啦！前提必須是，帳列在「透過其他綜合損益按公允價值衡量之金融資產」這個科目中，未實現的獲利或損失的債券夠多才行。

3.「透過損益按公允價值衡量之金融資產」

　　凡是不符合可以放在前述兩項金融資產科目的債券、股票、基金以及衍生金融工具，依規定必須全部列在此科目。以中信銀為例，2019 年底這個科目的金額是 1,687 億元（❻）。放在這個科目的資產，不管賣出與否，其價格變動的金額，都必須立刻列在當期的損益當中。例如銀行今年花 10 億元買了一檔債券，年底時這筆投資漲到 11 億元，這一檔債券雖然沒有賣掉，但這 1 億元的評價利益必須被認列在損益表中當作正式損益，並且立即影響 EPS。所以放在這個科目的金融資產是最透明、最沒有操作空間的。

4. 附賣回票券及債券投資

　　這個科目是指銀行的客戶因為需要幾天的資金，而將手中投資的一部分票券或債券賣給銀行，並與銀行約定數日後，以一定價格（通常是原來賣出價格再加上利息）再買回這些票券或債券的承諾，這種交易依其目的可以解釋為客戶拿這些票券或債券來

表 6-6　中國信託之「透過損益按公允價值衡量之金融工具」明細

	2019.12.31	2018.12.31
指定為透過損益按公允價值衡量之金融資產：		
其他證券及債券	－	1,113,200
金融資產評價調整	－	17,084
小　　計	－	1,130,284
強制透過損益按公允價值衡量之金融資產：		
商業本票	96,066,860	101,208,363
可轉讓定期存單	842,030	4,000,301
國庫券	445	587
政府公債	789,520	711,768
公司債	5,363,529	4,261,034
可轉換公司債	－	8,945
金融債券	3,003,981	6,309,948
股票	1,795,897	4,097,546
受益憑證	522,245	910,908
衍生金融資產	60,223,960	41,623,835
金融資產評價調整	79,837	(802,915)
小　　計	168,688,304	162,330,320
合　　計	168,688,304	163,460,604

> 不管賣出與否，其價格變動都必須認列於當期損益

資料來源：公開資訊觀測站

向銀行借錢的交易，也可解釋為銀行透過這個交易去消化短期過剩的資金。以中信銀為例，其 2019 年底這個科目金額為 8.5 億元（❼）。

　　表 6-7 是台灣 5 家代表性銀行資金的配置情形。從表中我們可以看到公股銀行喜歡將大部分的投資資金，放在「透過其他綜

合損益按公允價值衡量之金融資產」。民營銀行則呈現兩個極端，其中玉山金將更多的資金放在「透過損益按公允價值衡量之金融資產」，而中信銀與富邦則偏愛將資金放在「按攤銷後成本衡量之債務工具投資」。

表 6-7　台灣 5 家代表性銀行資金配置概況

2019.12.31	台銀	中信銀	兆豐	富邦	玉山
貼現及放款	52%	57%	56%	49%	58%
透過損益按公允價值衡量之金融資產	5%	4%	2%	4%	21%
透過其他綜合損益按公允價格衡量之金融資產	20%	8%	12%	6%	9%
按攤銷後成本衡量之債務工具投資	3%	17%	8%	21%	1%

　　以上科目以外的資產科目，通常是銀行承作交易的一些過渡科目，或是日常的營運科目，例如不動產及設備、使用權資產、遞延所得稅等，讀者就不必太在意了。

投資人 Notes

- 銀行基於行業特性，會將大部分的投資資金，投資在債券及其連結之商品，少數銀行才會將稍多一點的資金投資在股票或與股票連結的基金上。我們可借由特定銀行投資在股票的資金比重，了解其企業文化及特色。

- 資金放在「透過損益按公允價值衡量之金融資產」科目比重較高的銀行，因為資產價值無所遁形，反映在損益表上損益變動最激烈、也最透明。可以解讀為其經營模式上的積極性與藝高人膽大的作風。

- 資金放在「透過其他綜合損益按公允價值衡量之金融資產」科目比重較高的銀行，可藉由處分此科目的債券投資去平衡損益表的數字。可以解讀為其經營模式較強調損益的穩定性。

- 資金放在「按攤銷後成本衡量之債務工具投資」科目比重較高的銀行，因為不必反映所投資金的市價差異，只單純的認列利息收入，可以解讀為較重視收入的衡定性。這些債務工具的價值資訊，投資人可以進一步參閱附註揭露做更深入的了解。

損益表

　　從中信銀的損益表我們可以看到，銀行業的損益表和一般產業的損益表長得很不一樣。銀行業損益表中，收入面基本上分成「利息淨收益」及「利息以外淨收益」兩大類。成本及費用，除了呆帳外，要嘛當作收入的減項，要嘛被歸類到「營業費用」。這讓一般人不容易看懂銀行業經營績效。另一方面，我們在第一本書以及本書前面章節中，對於影響損益不大而不提的非正式損益—其他綜合損益，因為對銀行業及壽險業影響重大，我們在此會加以說明。接下來就讓我來介紹怎麼看懂銀行業的損益表。

收入面

　　銀行的商業模式，就是運用所吸收到的存款、借進來的資金以及所擁有的人脈，去賺取利息收入、手續費收入及投資收益。所以收入面我們就看這三個面向的「收益」：

1. 「利息淨收益」

　　從中信銀的損益表我們可以看到，中信銀 566 億元的利息淨收益（參見表 6-8 ❶），是由 860 億元的利息收入減 294 億元的利息費用而得，利息淨收益占損益表淨收入的 55%。

　　值得一提的是，利息淨收益這個科目所包含的利息收入及利

表 6-8　銀行業損益表──以中信銀為例

中信銀 2018~2019 合併綜合損益表（摘要）			單位：仟元	
會計科目	2019 年度		2018 年度	
	金額	%	金額	%
利息收入	86,044,324	83	78,042,305	82
減：利息費用	(29,454,383)	(28)	(25,248,942)	(26)
利息淨收益	❶ 56,589,941	55	52,793,363	56
利息以外淨收益				
手續費淨收益	❷ 34,165,757	33	30,913,601	32
透過損益按公允價值衡量之金融資產及負債損益	❸ 8,649,999	8	10,449,589	11
透過其他綜合損益按公允價值衡量之金融資產已實現損益	❹ 3,246,357	3	(100,051)	—
除列按攤銷後成本衡量之金融資產損益	23,185	—	30,064	—
兌換損益	1,080,048	1	707,426	1
資產減損損失及迴轉利益淨額	17,774	—	(11,146)	—
採用權益法認列之關聯企業及合資損益之份額	1,282,548	1	1,300,212	1
其他利息以外淨損益	1,359,532	1	1,992,633	2
投資性不動產損益	(6,140)	—	1,087	—
彩券回饋金	(2,700,000)	(2)	(2,700,000)	(3)
淨收益	103,709,001	100	95,376,778	100
呆帳費用、承諾及保證責任準備提存	(5,390,943)	(5)	(4,740,162)	(5)
營業費用 ❺				
員工福利費用	(32,050,407)	(31)	(29,652,544)	(31)
折舊及攤銷費用	(6,526,546)	(6)	(3,494,837)	(4)
其他業務及管理費用	(21,282,037)	(21)	(21,757,716)	(23)
營業費用合計	(59,858,990)	(58)	(54,905,097)	(58)
繼續營業部門稅前淨利	38,459,068	37	35,731,519	37
減：所得稅費用	7,557,363	7	6,048,906	6
本期淨利	30,901,705	30	29,682,613	31

資料來源：公開資訊觀測站

息費用，幾乎涵蓋了銀行賺取的所有利息收入以及所吸收存款負擔的利息費用。例外的是，投資在「透過損益按公允價值衡量之金融資產」所產生的利息收入及其他收人，會放在後文第 171 頁「透過損益按公允價值衡量之金融資產及負債損益」這個收入科目裡，但是銀行將資源（存款）拿去投資在「透過損益按公允價值衡量之金融資產」的利息費用，仍然放在「利息淨收益」這個科目的利息費用中。也就是說雞蛋（收入）被拿走了，雞糞（利息費用）仍留在此。

這樣分類的後果是什麼？試想一下我們原本可以用「利息淨收益率」（利息淨收益／利息收入），約略的比較哪家銀行較具優勢，例如放款利率較高？或是吸收存款的利率較低？可是現在卻因為利息費用分類的不對稱而沒有辦法做到！

例如，中信銀 2019 年底的「貼現及放款」金額達 2.4 兆元，中信銀將其中 1,687 億元，占其總資產的 4%，投資「透過損益按公允價值衡量之金融資產」，這 1,687 億元所產生的收益將會帳列在下列「透過損益按公允價值衡量之金融資產及負債損益」這個科目項下，但這個資金來源所負擔的利息費用，卻仍帳列在利息費用中。同期間玉山銀拿了約 4,936 億，占其總資產的 21%，投資「透過損益按公允價值衡量之金融資產」。這就造成玉山銀的利息淨收益率（利息收益／利息收入）只有 66%，低於中信金的 69%，會讓人誤以為玉山銀不是放款利率低於中信

銀，就是存款利率高於中信銀。這當然是利息費用的分類造成的不當比較。

可是會計原則怎麼會規定這樣編製損益表？應該是銀行業的財報編製規定趕不上產業變化所致吧！

表 6-9　中國信託之「利息淨收益」明細

	2019 年度	2018 年度
利息收入		
放款息	63,429,650	58,683,766
循環信用息	3,065,557	2,864,182
有價證券息	15,525,725	11,896,579
存放央行息	482,908	417,738
存放及拆放同業息	2,462,020	3,143,208
避險之衍生金融工具	－	75,175
其他	1,078,464	961,657
小計	**86,044,324**	**78,042,305**
利息費用		
存款息	23,874,187	20,903,014
同業拆放息	1,218,626	945,882
借款及其他融資	3,377,626	2,775,468
避險之衍生金融工具	－	45,128
租賃負債	387,263	－
其他	596,681	579,450
小計	**29,454,383**	**25,248,942**
合計	**56,589,941**	**52,793,363**

資料來源：公開資訊觀測站

不過我們還是可以從「利息淨收益」的比重，大致看出特定銀行對於傳統銀行業務（放款及投資生息債券）的依賴程度。

另外，讀者如果想要了解個別銀行較為正確的存放利差，可以根據銀行投資「透過損益按公允價值衡量之金融資產」的平均金額（用年初及年底的平均金額或每季的平均金額），求算其利息負擔數，再將此金額從利息費用中扣除。用扣除後的利息費用與利息收入的比率關係，可以得到較為正確（不是完全正確）的利息淨收益率。

2. 「手續費淨收益」

從中信銀的損益表中我們可以看到，中信銀的手續費淨收益是 342 億元，占損益表淨收入的 33%（❷）。從表 6-10 中，我們可以進一步看到，它是由 381 億元的手續費收入減掉 39 億元的手續費費用而得。我們可以看到手續費的內容相當龐雜，這代表相較於其他銀行，中信銀對客戶的服務非常全面及到位。另一方面，這手續費收入利潤率（手續費淨收入／手續費收入）是不是太高了？答案是遠沒有大家誤解的高。這是因為這裡的手續費費用主要是承辦這些業務的「非常直接的衍生性費用」。這裡有太多的費用沒被放進來，例如人事成本、租金折舊成本、科技成本、法遵成本等等，所以手續費淨收益被嚴重高計及誤解得很厲害。但無論如何，我們仍可以**從手續費收入的內容，以及手續**

費淨收益占銀行淨收入的比重，看出該銀行是否勇於創新與突破。一般而言，民營銀行此科目收入的占比會比公股銀行高。

表 6-10　中國信託之「手續費淨收益」明細

	2019 年度	2018 年度
手續費收入		
信用卡業務收入	6,147,126	4,477,803
財富管理業務收入	6,108,409	5,665,489
法人業務收入	5,455,237	5,415,981
銀行業務收入	5,362,641	4,905,731
保險業務收入	9,760,565	9,217,374
彩券業務收入	5,146,476	4,585,963
其他業務收入	73,870	74,487
手續費收入合計	**38,054,324**	**34,342,828**
手續費費用		
信用卡業務支出	705,597	562,839
財富管理業務支出	225,445	184,470
法人業務支出	282,162	276,623
銀行業務支出	2,282,476	2,045,879
彩券業務支出	388,432	353,181
其他業務支出	4,455	6,235
手續費費用合計	**3,888,567**	**3,429,227**
合計	**34,165,757**	**30,913,601**

資料來源：公開資訊觀測站

3. 「透過損益按公允價值衡量之金融資產及負債損益」

這個科目顧名思義，就是表達銀行將資金投資在「透過損益

按公允價值衡量之金融資產」，及操作「透過損益按公允價值衡量之金融負債」（例如衍生性金融商品），到底賺了多少錢。換句話說，就是表達**銀行從事積極性金融操作及交易，到底賺了多少錢**。從中信銀的損益表中我們可以看到，中信銀這個科目金額是 86 億元，占損益表淨收入的 8%（❸）。

由表 6-11 我們可以進一步看到它是由股利、利息收入（費用）、處分損益及評價損益所構成。股息及利息收入是投資的孳息，處分損益是交易的損益，評價利益是年底評估所持有投資產品的未實現損益（市價－帳面價值），利息費用只包括所發行金融債券的利息費用。由於這個科目的金額，大多是由藝高人膽大的銀行交易部門從事交易創造出來的，這個科目金額會因大環境、人員素質、人員判斷、甚至內控的變化而有較大的起伏，我們可以從銀行投入到「透過損益按公允價值衡量之金融資產」及

表 6-11　中信銀之「透過損益按公允價值衡量之金融資產及負債損益」明細

	2019 年度	2018 年度
處分損益		
商業本票	1,936	1,588
國庫券	806	626
政府公債	41,137	(514,438)
公司債	124,613	31,103
金融債券	264,776	216,803
可轉換公司債	4,364	4,006

	2019 年度	2018 年度
受益憑證	7,250	99,954
可轉讓定存單	667	5,358
資產基礎證券	—	(108,222)
股票	(437,526)	154,507
其他證券及債券	469	43
衍生金融工具	6,096,793	8,870,988
融券及借券交易	(51)	554
公允價值避險調整數	—	3,024
小計	6,105,234	8,765,894
評價損益		
商業本票	(13,675)	21,879
國庫券	2	—
政府公債	(4,115)	27,565
公司債	107,876	(42,003)
金融債券	(5,497,190)	2,855,124
可轉換公司債	(578)	(300,084)
可轉讓定存單	(125)	599
資產基礎證券	(1)	(360,918)
股票	797,436	(875,524)
其他證券及債券	(17,379)	(3,546)
衍生金融工具	7,681,207	1,013,863
受益憑證	167,016	(145,081)
公允價值避險調整數	—	(30,616)
小計	3,220,474	2,161,258
股利收入	68,289	156,082
利息收入	1,257,993	1,174,715
利息費用	(2,001,991)	(1,808,360)
合計	**8,649,999**	**10,449,589**

資料來源：公開資訊觀測站

「透過損益按公允價值衡量之金融負債」的金額，以及本科目占銀行淨收入的比重，**看出該銀行的經營理念與實踐，包括國際化、現代化、行動力與創新能力。**

4. 「透過其他綜合損益按公允價值衡量之金融資產已實現利益」

我們在前文資產面（第 156 頁）有提到，放在「透過其他綜合損益按公允價值衡量之金融資產」這個科目的投資，不管是股票還是債券，其評價損益是放在其他綜合損益中，不是放在正常的損益中。但是唯有債券投資部分如果賣掉的話，可以把這檔債券歷年累積的評價損益，完整的列在正常損益中，也就是列在本科目中。我們可以從中信銀的損益表看到，本科目的收入有 32 億元，占全年淨收益的 3%（❹）。台銀的部分是 36 億元，占其全年淨收益的 8%。由於這個獨特的會計規定，**這個科目是銀行調節損益的好科目。**

5. 其他科目

其他金額大多不重大，或雖然重大但屬於正常科目（例如兌換損益），我們就不做討論。

經營成本費用面（❺）

銀行的經營成本，理論上已經被列在三個主要收入面向的減項，但如以上所述，相關成本並沒有被正確算清楚及歸類，所以「利息淨收益」、「手續費淨收益」、及「透過損益按公允價值衡量之金融資產及負債損益」這三個金額，不能被視同一般產業的「營業毛利」科目。

至於費用方面，依會計規定，它被歸類得很簡單，如中信銀2019 年損益表上所示，經營費用被歸類成呆帳費用及營業費用兩大類。這部分除了在大環境劇烈變動時，會導致呆帳費用起伏較大外，平時的變化不大，可以不必深究。

銀行業經營績效評估

那麼投資人要如何評估銀行的經營績效好不好？我們可以從下面幾個角度來評估。

1. 成本收益比

成本收益比（營業費用／淨收益）是指銀行創造 1 元的淨收益要花多少錢的營業費用。從經營績效角度來看，**成本收益比越低越好**。表 6-12 是台灣 5 家指標性銀行的成本收益比。

表 6-12　5 家銀行的成本收益比

2019 年	台銀	中信銀	兆豐	富邦	玉山
成本／淨收益	0.51	0.58	0.47	0.48	0.54

2. 逾放比及逾期放款覆蓋率

　　台灣銀行業最大的業務是放款，「貼現及放款」因此必然是台灣各家銀行業最大的資產科目。像中信銀 2019 年底「貼現及放款」的金額就達到 2.4 兆元。但從事放款必然會有呆帳發生，呆帳是否提列足夠，事關銀行「貼現及放款」這個資產科目的品質，還會影響到銀行損益的正確性。究竟要提列多少備抵呆帳才夠，事關專業判斷。對於投資人，目前比較被接受的判斷方法有兩個：

　　首先是看銀行的逾放比（逾期放款金額／放款總金額），銀行逾期放款（放款到期尚未能收回金額）的比率當然是越低越好；其次是**逾期放款覆蓋率（備抵呆帳／逾期放款金額）**，銀行如果平時即提列巨額的「備抵呆帳」，當逾期放款變成真正收不回來的呆帳時，就不需再認列呆帳費用。所以**逾期放款覆蓋率當然是越高越好。**

　　這兩個數據依金管會的規定，必須要在財報附註中揭露。表 6-13 是台灣 5 家指標性銀行的逾放比及逾期放款覆蓋率。

表 6-13　5 家銀行的逾放比及逾放覆蓋率

2019 年	台銀	中信銀	兆豐	富邦	玉山
逾放比	0.18%	0.34%	0.14%	0.19%	0.19%
逾放覆蓋率	912.81%	386.64%	1075.14%	713.11%	640.44%

3. EPS

　　EPS 是每股獲利能力，以中信銀為例，其 2019 年的 EPS 是 2.14 元。對投資人而言，EPS 越高，股價通常越高。

4. ROE 及 ROA

　　我在上一本書有提到，每家公司運用股東的資源不同，所以用 EPS 往往無法衡量公司經營的良窳。以台積電為例，其 2019 年賺 3,453 億元，根據其 2,593 億元的股本計算，其 EPS 是 13.52 元。但是台積電歷年來有很多的盈餘並未分配給股東，導致台積電 2019 年的獲利是靠股東 1.65 兆元的資源（即股東權益）賺的，用 ROE（稅後淨利 / 平均股東權益）來衡量公司的績效會遠比 EPS 有意義多了。可是 ROE 這個概念在銀行業不是那麼好，這是因為銀行業的負債比率非常高，用 ROE 可能會鼓勵銀行業更加提高負債比。雖然政府對於銀行的股東權益有一套「資本適足率」的最低要求，很多人還是喜歡用 ROA（稅後淨利 / 總資產）來衡量銀行業的經營績效。

5. 「透過其他綜合損益按公允價值衡量之金融資產的未實現利益」的金額

我們在資產面有提到，放在「透過其他綜合損益按公允價值衡量之金融資產」這個科目的投資，其評價損益是放在其他綜合損益中，而不是放在正常的損益中。但是債券投資部分如果賣掉的話，可以把這檔債券歷年累積的損益，一次倒在正常損益中。這項會計規定讓「透過其他綜合損益按公允價值衡量之金融資產的未實現利益」科目，成為金融業平衡損益的良好工具，特別是人壽保險業。有興趣的讀者可以自行看看特定銀行業及人壽業的操作軌跡。有關這個科目，讀者可以從「股東權益變動表」中看到，通常而言，這個科目金額越大，表示它越有空間去平衡損益，有趣的是，金額大的大多是公股銀行（見表6-14）！

表 6-14　5家銀行的經營績效比較

2019 年	台銀	中信銀	兆豐	富邦	玉山
EPS	1.13 元	2.14 元	2.89 元	1.79 元	2.17 元
ROE	3.3%	10.2%	8.6%	10.4%	12%
ROA	0.2%	0.75%	0.75%	0.72%	0.83%
透過其他綜合損益按公允價值衡量之金融資產的未實現利益	607 億	22 億	94 億	10 億	18 億

投資人 Notes

- 可以用「手續費淨收益」及「投資淨利益」各占淨收入的比率,去評估銀行的積極度、創新度、風險性甚至未來的成長。

- 可以用逾放比及逾期放款覆蓋率去比較個別銀行損益認列的穩健情形及資產品質。

- EPS 是影響銀行業股價的主要因素,但是 ROE、特別是 ROA,是衡量銀行業經營績效,比較廣泛被認同的指標。

- 當景氣劇烈變動時,銀行更真實的損益及潛藏資源,可以從損益表中的「透過其他綜合損益按公允價值衡量之金融資產已實現利益」,以及股東權益變動表中的「透過其他綜合損益按公允價值衡量之金融資產的未實現利益」這兩個科目看出端倪。

壽險業是所有產業中最特殊、最難懂、
會計準則最怪,損益表最「離譜」的產業
往往大家認為它應該賺大錢時,它虧了;
當大家認為它應該會虧時,它反而賺了;
可以說,壽險業的財報就像天書,
若你已經看懂銀行財報,歡迎繼續破關!

壽險業
財報解析

2 020 年第 1 季，全球受到新冠肺炎疫情的衝擊，無論是債市或股市價格均受到大幅影響。在一片哀嚎聲中，4 月初以人壽為主的國泰金，公布旗下國泰人壽第 1 季獲利達 152 億元，較去年第 1 季成長 236%。消息傳出，引起懂得人壽保險業的人一片嘩然，認為不可思議。有人認為國泰人壽報表有問題，這倒是冤枉了國泰人壽。我所認知的國泰人壽是一家正派經營並且重視企業社會責任的好公司。

其實，人壽保險業是所有產業中，業務最特殊、最難懂、會計準則也最奇怪的產業。往往大家認為它應該賺時，它虧了；當大家認為應該會虧時，它反而賺了。可是如果看得懂壽險業財報的人去研究財報內容，又會得出與財報損益數不同的結論。這到底是怎麼回事？接下來，我們就來導讀壽險業的財報，為大家解開謎團。但是讀者最好先讀過第 6 章的銀行業財報，有了銀行業財報概念基礎，就不難理解壽險業財報。

壽險業的商業模式

壽險業的商業模式主要是向要保人（繳錢的人）收取保險金，然後將所收的保險金拿去投資在下列資產上：

1. 股票、債券及基金（受益憑證），以賺取股息、利息及資本利得（買賣價差）。

2. 商用不動產，以賺取租金及資本利得。

3. 放款出去，以賺取利息。

所以簡單來說，壽險業的商業模式中的收入，就是由利息、股利、租金及資本利得所組成；主要成本就是保險責任與理賠、佣金及各項後勤支出。當壽險業吸收的保費足夠多（至少 1 兆元以上），又經營得法時，才能在「**長期的基礎上獲利**」。在此你要記住「長期的基礎上獲利」這個觀念。至於為什麼？讀到後面你就會理解。

為了教你看懂壽險業的財務報表，這一章的內容會延續銀行業冗長、無趣且令人想睡覺的精神，因此需要你不怕難、不怕煩與更加的專注，才能有滿意的收穫！

資產負債表

和銀行業一樣，我們也從負債和資產兩個面向來談壽險業資產負債表的重點科目。

接下來我就透過中信金控旗下台灣人壽保險公司（以下簡稱台壽保）的合併財務報表，來進入壽險業的財報世界，進而了解其運作的規律與特色。

表 7-1 壽險業資產負債表之負債面—以台壽保為例

台壽保 2018~2019 合併資產負債表（摘要）				單位：仟元
會計科目	2019 年度		2018 年度	
	金額	%	金額	%
負債及權益				
流動負債				
短期債務	6,499,239	—	7,383,999	1
應付款項	13,150,688	1	15,022,389	1
本期所得稅負債	135,552	—	13,291	—
透過損益按公允價值衡量之金融負債	405,174	—	13,120,549	1
應付債券	14,977,916	1	15,924,960	1
其他金融負債	3,457,072	—	—	—
租賃負債	1,133,554	—	—	—
保險負債	1,700,154,234	87	1,571,502,365	89
具金融商品性質之保險契約準備	4,196	—	3,329	—
外匯價格變動準備	3,331,629	—	2,273,640	—
負債準備	150,730	—	127,467	—
遞延所得稅負債	5,092,409	—	1,260,334	—
其他負債	4,696,798	—	3,365,855	—
分離帳戶保險商品負債	91,886,404	5	72,962,418	4
負債總計	1,845,075,595	94	1,702,960,596	97
歸屬母公司業主之權益				
股本				
普通股股本	45,124,335	2	41,791,135	2
資本公積	33,946,149	2	27,279,200	2
保留盈餘				
法定盈餘公積	5,004,186	—	3,676,184	—
特別盈餘公積	12,864,165	1	7,262,472	—
未分配盈餘	12,056,856	1	6,563,679	—
其他權益	8,796,208	—	(21,258,664)	(1)
權益總計	117,791,899	6	65,314,006	3
負債及權益總計	1,962,867,494	100	1,768,274,602	100

（標註說明）
- 來自發行金融債券（指向「應付債券」）
- 占比最大，主要為責任準備金（指向「保險負債」）
- 主要來自投資型保單（指向「分離帳戶保險商品負債」）

資料來源：公開資訊觀測站

負債面

　　從負債面講起的目的在介紹壽險公司的資金來源，壽險公司資金的來源主要分成 3 個部分，依其占比分別是吸收保險金、吸收投資型保單及發行債券 3 方面：

1. 吸收保險

　　為了吸收更多的保險以壯大公司規模，台灣的壽險公司會設計各種類別的保險產品，這些保險產品可分為長年期的人壽保險、醫療相關保險、意外保險、年金產品，短天期的旅遊保險以及投資型保單等 3 大類。

　　壽險公司收到保險金後，會立刻認列為保險費收入，並考量保單未來理賠的金額、機率及折現率[1]後，承認應承擔的保險成本及負債金額，這筆負債在財報上叫做「責任準備」。例如甲保險公司今年成功簽訂 1 千筆 20 年期 A 產品保單，合計收到 20 億元保險金。甲公司經過精算師精算後認為，未來的 20 年期間，必須為 A 產品理賠 26 億元。這筆錢依保險局訂定之折現率折現後為 19.5 億元，這 19.5 億元就會帳列為資產負債表的負

1　折現率（Discount rate），是根據資金具有時間價值這一特性，按複利計息原理，把未來一定時期的預期收益折合成現值的一種比率。折現率是要將投資的未來效益折現，不許先決定利率。（資料來源：維基百科）

債科目——「責任準備」。以台壽保為例，其 2019 年財報上的
「保險負債」科目金額達 1.7 兆元，其中最主要的就是「責任準
備」，其金額達 1.69 兆元。

表 7-2　台壽保「責任準備金」明細　　　　單位：仟元

	2019.12.31	2018.12.31
未滿期保費準備	4,564,987	4,192,079
賠款準備	2,195,805	1,763,731
責任準備	**1,688,361,251**	**1,557,759,171**
特別準備	874,584	971,724
保費不足準備	4,157,607	6,815,660
合計	1,700,154,234	1,571,502,365

資料來源：公開資訊觀測站

但「保險負債」的其他科目是什麼？

(1) 「未滿期保費準備」科目可以解釋是短天期保單（例如
團體醫療險）的責任準備。

(2) 「賠款準備」是提列可能已經必須理賠之 1 年期以下短
年期保單案件的負債。

(3) 其他兩個準備是依規定補提「責任準備」可能不足的負
債。例如假使新冠肺炎造成某保單產品被保險人大量死
亡，導致該保單原先預估的「責任準備」不足，那就要
提列更多的負債，這種負債叫「保費不足準備」。

簡單說，這些準備就是預計未來要賠償的金額，再依折現率折現到財報日當天的負債。但另一個問題來了，為什麼這些預計的理賠款必須要折現？

首先讓我們回到銀行吸收存款的例子。存戶存進銀行 100 億元，銀行在收到存款以後必須定期支付利息費用給存款戶；另一方面，銀行靠著放貸出這筆錢，每年同樣也會賺進利息收入；到了年末，我們可以靠著計算銀行利息的利差及其他費用，得出銀行到底有沒有賺錢。

回到壽險業，以 20 年期 A 產品為例，同樣是有人「存了」20 億元進保險公司，保險公司 20 年後必須要付給受益人 26 億元，這就意味著有利息的味道在裡面。所以我們可以這樣來解釋：當保險公司收到保險金後，會認列一筆保戶存進來的存款叫「責任準備」，這筆「責任準備」會因為利息的關係隨著時間越來越大，直到 20 年後變成 26 億元。而保險公司拿到保險金去投資，如果經營得當，每年賺進的錢應該等於甚至超過存款（責任準備）每年的利息費用（報表上會列為保險成本）。會計上這叫做成本（利息）與收入（投資收益）配合原則。

2. 吸收投資型保單

投資型保單顧名思義是沒有保險性質的保單，或是保險性質極低的保單。說穿了就是近乎長期儲蓄存款性質，或是損益保戶

自負的理財型商品。台灣的銀行業基於行業特性及法規，無法也不願吸收中長期資金；於是壽險業設計出中長期理財型保單。這種保單的優點是報酬率通常高於銀行定存，所以吸收了不少錢不知擺哪裡的中實戶資金。投資型保單金額扣掉一些手續費後，會被壽險公司以專款專用方式投資在特定產品上，因此被同額的分別表達在「分離帳戶保險商品負債」以及「分離帳戶保險商品資產」這兩個科目上。以台壽保為例，其 2019 年財報上這兩個科目的金額當然都是一樣的 919 億元。

3. 發行債券

　　壽險公司通常不需要發行金融債券去籌錢，但有時候基於「互助精神」，會發行一些金融債券供金融圈做業績。以台壽保為例，其 2019 年財報上的「應付債券」金額是 150 億元。

- 我們可以從「保險負債」或「責任準備」科目的金額，概估特定壽險公司的規模。

- 壽險業極其強調經濟規模，一般而言「保險負債」或「責任準備」金額至少要達到 1 兆元以上，才會比較有競爭力。

資產面

壽險業的商業模式，是將所收到的保險金拿去投資在下列資產上：

(1) 債券、股票及基金（受益憑證），以賺取利息、股息及資本利得（買賣價差）。

(2) 商用不動產，以賺取租金及資本利得。

(3) 放款出去，以賺取利息。

以下我們就以台壽保的資產配置情形介紹如下：

1. 「透過損益按公允價值衡量之金融資產」

壽險業投資股票、債券的目的，若是為了從資本及貨幣市場上賺取買賣價差，這些債券及股票依會計規定，必須要放在此科目。此外，衍生性金融資產（主要是與利率、匯率、股價連結的交換合約）、可轉債、受益憑證（各種基金）及連結衍生性工具的債券，依規定必須全部列在此科目。

以台壽保為例，其 2019 年底該科目的金額有 3,200 億元（見表 7-3 ❶，明細見表 7-4），占總資產的 16%，是第二大資產科目。放在這個科目的金融資產，即便沒有賣出，也要隨時依據市價與成本的差異認列評價損益，理論上是最透明、最沒有操作空間的科目。但實際上，會計原則特別規定，壽險業大部分的

表 7-3　壽險業資產負債表之資產面—以台壽保為例

台壽保 2018~2019 合併資產負債表（摘要）　單位：仟元				
會計科目	2019 年度		2018 年度	
資產	金額	%	金額	%
現金及約當現金	98,123,732	5	77,635,660	5
應收款項	23,361,915	1	23,398,786	2
本期所得稅資產	3,085,338	—	1,933,906	—
待出售資產	—		523,182	—
透過損益按公允價值衡量之金融資產	❶ 319,655,859	16	195,352,752	11
透過其他綜合損益按公允價值衡量之金融資產	❷ 240,728,604	12	202,842,262	12
按攤銷後成本衡量之金融資產	❸ 1,017,227,403	53	1,023,539,629	58
採用權益法之投資—淨額	7,682,101	—	15,757,993	1
其他金融資產—淨額	361,977	—	949,894	—
投資性不動產	❹ 73,157,894	4	52,809,008	3
放款	❺ 53,841,015	3	50,637,324	3
再保險合約資產	2,092,664	—	2,597,327	—
不動產及設備	6,083,085	—	5,676,045	—
使用權資產	29,921	—	—	—
無形資產	7,226,291	—	6,885,124	—
遞延所得稅資產	5,441,322	—	8,254,389	—
其他資產	12,881,969	1	26,518,903	1
分離帳戶保險商品資產	91,886,404	5	72,962,418	4
資產總計	1,962,867,494	100	1,768,274,602	100

資料來源：公開資訊觀測站

股票及基金投資，期末的評價損益都可以遞延到實際出售時再行認列正式損益，讓這個科目幾乎名存實亡。為什麼這麼說？我們在損益表之「採用覆蓋法重分類之損益」（見第 204 頁）科目再加以說明。

表 7-4 台壽保之「透過損益按公允價值衡量之金融資產」明細

單位：仟元

	2019.12.31	2018.12.31
強制透過損益按公允價值衡量之金融資產：		
國內股票	36,407,754	24,045,473
國外股票	20,621,927	33,788,019
國內特別股	246,750	400,399
國外公司債	622,612	1,498,036
國內金融債	44,811,822	29,318,794
國外金融債	3,382,002	3,632,107
國外結構債	24,486,276	21,917,046
國內受益憑證	111,321,883	47,364,781
國外受益憑證	47,417,423	46,940,315
國內不動產投資信託	694,320	694,320
國外不動產投資信託	9,578,184	―
國外資產證券化商品	5,645,570	219,327
國內連結式存款	10,100,000	100,000
匯率交換合約	3,296,314	463,426
遠期外匯合約	3,266,498	267,882
金融資產評價調整	(2,243,476)	(15,297,173)
合計	319,655,859	195,352,752

不管賣出與否，其價格變動都必須認列於當期損益

資料來源：公開資訊觀測站

2. 「透過其他綜合損益按公允價值衡量之金融資產」

　　壽險業為了賺取利息、股息及投資收益（買賣價差），會投資各種債券和股票。債券部分必須滿足兩個條件：首先這種債券不能連結匯率、利率或股價，其次投資這些債券的目的是想兼賺

利息以及投資收益。股票部分也是必須滿足想兼賺股息以及買賣價差的目的。以台壽保為例，其 2019 年底這個科目的金額有 2,407 億元，其中債券類型投資有 1,500 億，股票類型的投資有 907 億，占總資產的 12%，是第三大資產科目（見表 7-3 ❷，明細見表 7-5）。

對於債券投資，我們在銀行業的財報中有提到，依會計規定放在這個科目的債券投資，其評價損益只會列在損益表的「其他綜合損益」中的「後續可能重分類至損益之項目」項下的「透過其他綜合損益按公允價值衡量之債務工具損益」。

「其他綜合損益」的意思是說，這種損益是非正式損益。稱其為非正式損益，主要是因為這些數字在損益表的「本期淨利」科目以下，亦即其數字與投資人在意的公司賺多少錢，每股 EPS 多少都沒有關係。既然不是正式的損益，就不會經由「本期淨利」滾入「保留盈餘」科目，成為可以分配股利的盈餘。

最有意思的是，這項評價損益因為不能滾入「保留盈餘」科目，只好**滾進股東權益的「其他權益」中**。以台壽保為例，其 2019 年底「其他權益」這個科目的金額有 88 億元。但「其他權益」這個科目是個大雜膾，要了解裡面有多少是所說的評價損益，讀者可到股東權益變動表中找「透過其他綜合損益按公允價值衡量之金融資產未實現利益」科目，這個科目的金額就是債券的未實現損益。以台壽保為例，其 2019 年底這個科目的金額有

表 7-5 台壽保之「透過其他綜合損益按公允價值衡量之金融資產」明細

單位：仟元

	2019.12.31	2018.12.31
透過其他綜合損益按公允價值衡量之債務工具：		
國內政府公債	10,424,022	13,619,018
國外政府公債	17,532,493	30,588,171
國內公司債	18,993,710	9,788,653
國外公司債	62,798,311	52,712,391
國內金融債	11,708,613	2,100,000
國外金融債	18,790,353	20,789,910
國外政府機構債	1,914,347	1,024,754
金融資產評價調整	8,134,764	(4,889,603)
減：抵繳存出保證金	(301,735)	(303,819)
小　　計	149,994,878	125,429,475
原始認列時指定之權益工具：		
國內股票	65,694,152	59,585,816
國外股票	20,065,212	20,317,026
國內特別股	3,317,798	2,791,371
國外特別股	1,001,260	2,831,380
國外不動產投資信託	1,143,233	—
金融資產評價調整	(487,929)	(8,112,806)
小　　計	90,733,726	77,412,787
合　　計	240,728,604	202,842,262

資料來源：公開資訊觀測站

87 億，它要等到有一天真的把這筆債券賣掉，才會變成已實現損益，從而將原來放在「透過其他綜合損益按公允價格衡量之金

融資產未實現利益」科目的金額，轉進損益表的正式損益，再轉入保留盈餘中。我們可以從「透過其他綜合損益按公允價格衡量之金融資產未實現利益」的金額，**判斷特定壽險公司未來可轉為正式損益的金額（可稱之為損益庫存數）有多少。**

　　至於股票投資部分，我們在銀行業的財報中也有提到，依會計規定放在這個科目的股票類型投資，其評價損益只會列在損益表的「其他綜合損益」中「不重分類至損益之項目」項下的「透過其他綜合損益按公允價值衡量之權益工具評價損益」。如我在銀行業一章中所述，「不重分類至損益之項目」代表這個評價損益永遠不會出現在損益表的正式損益中。這些評價損益轉成已實現的損益時，同樣會直接列到股東權益的「保留盈餘」中。如果讀者需要複習一下這個部分，請參見第 158 頁的說明段落。

3. 「按攤銷後成本衡量之金融資產」

　　這個科目和銀行業的「按攤銷後成本衡量之債務工具投資」是同一個意思，之所以名字不同，大概是會計的規定單位，一個是保險局，另一個是銀行局規定所致吧！要將債券投資放在這個科目的前提是，投資債券的目的只是要收取合約的現金流（也就是本金及利息），不會想去透過買賣賺取價差，所以「不應」隨意處分這些債券。滿足這個條件的債券投資，就放在這個科

目。以台壽保為例，其 2019 年底這個科目的金額有 1 兆 172 億元，占總資產的 53%，是第一大資產科目（見表 7-3 ❸，明細見表 7-6）。放在這個科目的債券投資，除非遇到信用減損，例如 2020 年美國有許多小型石油公司宣告破產，其發行之公司債也跟著下跌，否則無論利率如何變化，導致價格產生變動，通常都不用評估這個變動並將變動數列入損益表內，是最不會讓壽險公司頭痛的科目。

表 7-6　台壽保之「按攤銷後成本衡量之金融資產」明細

單位：仟元

	2019.12.31	2018.1231
國內政府公債	70,582,107	70,708,168
國外政府公債	90,993,473	83,413,151
國內公司債	13,792,274	14,294,780
國外公司債	363,359,314	369,149,288
國內金融債	6,603,232	7,457,762
國外金融債	454,050,051	436,837,183
國際性組織債	1,442,517	3,383,663
國外資產證券化商品	21,893,643	24,449,308
可轉讓定存單	2,185,677	2,473,358
連結式存款	2,150,000	21,100,000
減：抵繳存出保證金	(9,059,677)	(8,513,226)
減：備抵損失	(765,208)	(1,213,806)
合　　計	1,017,227,403	1,023,539,629

資料來源：公開資訊觀測站

4. 「投資性不動產」

　　壽險業吸收的保險金大部分屬於中長期資金，依法得從事商用不動產的投資，這就是為什麼大台北地區很多商辦大樓整棟整棟的屬於壽險公司所持有並且公開出租的原因。以台壽保為例，其 2019 年底這個科目的金額有 732 億元，占總資產的 4%（❹）。而全台擁有最多商用不動產的公司是國泰人壽，其 2019 年底共擁有 4,839 億元的商用不動產。

5. 「放款」

　　保險業依法得從事擔保放款或保證放款。換句話說沒有擔保品或信用保證機構的保證就不能放款。以台壽保為例，其 2019

表 7-7　5 大壽險公司重要財務指標占總資產比率概要　單位：%

2019.12.31	國泰	南山	富邦	台壽保	新光
透過損益按公允價值衡量之金融資產	19	19	25	16	11
透過其他綜合損益按公允價格衡量之金融資產	12	23	11	12	8
按攤銷後成本衡量之金融資產	37	39	37	53	59
投資性不動產	7	3	6	4	1
放款	7	3	5	3	0

資料來源：公開資訊觀測站

年底這個科目的金額有 538 億元，占總資產的 3%（❺）。

除了以上所提，其他的科目都是很正常的科目，我們就不介紹了。

投資人 Notes

- 投資在「按攤銷後成本衡量之金融資產」、「投資性不動產」及「放款」的資產，主要是賺取利息及租金，其報酬通常不高但勝在穩定。壽險業投資在這 3 個科目的比重越高，其財報上呈現的獲利狀況就越穩定。

- 投資在「透過損益按公允價值衡量之金融資產」及「透過其他綜合損益按公允價格衡量之金融資產」的資產，主要是賺取利息、股息及買賣價差。這 2 個科目的資產在報表上雖然必須按市價調整資產的帳面價值，並據以認列評價損益，但由於損益表上不承認評價損益是正式損益，只承認出售後的買賣價差才是正式損益，而買賣價差的認列時間可藉由買賣時點加以控制，這有助於壽險公司平衡「帳列損益的波動性」。壽險業投資在這 2 個科目的比重越高，其財報上呈現的獲利數雖然也很平穩，但是我們可以透過損益表下半段的「其他綜合損益」的變動情形，知道壽險業的損益是如何的莫名其妙。

損益表

在所有行業中，壽險業的損益表是最不真實、最做不得數的損益表。如果你要相信它的話，倒不如相信川普正致力於節能減碳救地球。這句話不是說壽險公司有做假帳，事實上，壽險業者大多正派經營，而且我們的主管機關保險局的監督力度也很強。

讓壽險業的損益失真有兩個原因。最重要的原因是，**壽險業的獲利模式是透過長期投資來獲利**，長期投資的標的，例如蘋果公司發行的 30 年期公司債，短期間會因為利率、股價及匯率（壽險業 70% 的資金投資海外資產）的變動而劇烈波動，但長期平均而言變化會小很多。可是損益數字每年、甚至每季都要計算出來並公告給投資人看，這讓短期內因為利率、股市及匯率的波動對財報的影響，被無形中放大數倍加以檢視，有時甚至成為政府及社會的關注焦點。這就如人家在釀造傳統醬油，醬缸必須放在戶外一段時間，讓醬油藉由風吹雨淋、溫度、濕度的變化而逐漸純化。可是買醬油的人天天看著醬油，只要太陽大了就說溫度會太高，只要雨淋就說會淋壞，搞的好像釀醬油是一個風險很大的產業。

第二個原因是適用在壽險業的國際會計原則太糟糕。以下我們就來看看壽險業的損益表，到底有多不真實、多做不得數。

我們從台壽保的損益表（見表 7-8）可以看到，壽險業的損益表和一般產業的損益表長得很不一樣。壽險業損益表中，收入

面基本上分成「保險收入」及「淨投資收益」兩大類；成本方面主要是保險相關成本，營業費用主要是龐大的「管理費用」及輔助行銷發生的「業務費用」。接下來就讓我來介紹怎麼看懂壽險業的損益表。

1. 保險相關收入

壽險公司只要簽下保單收到保費後，就會全額承認為收入。以台壽保為例，其 2019 年的「**簽單保費收入**」是 2,125 億元。保險公司收到保費後，為了分散風險，大多會去向國外的再保險公司或其壽險公司購買保險，這種分散風險的支出叫做「**再保費支出**」。另一方面，壽險公司也會承接其他壽險公司的再保險，這種收入叫「**再保險收入**」。壽險公司承接的保單大多是中長期保險，但也有少數短天期保單，例如公司行號的員工醫療險大多以 1 年為限，當壽險公司收到這種短天期保費後，會按 12 個月逐月承認為收入，這種收入叫「**未滿期保費淨變動數**」。綜合以上的科目，台壽保 2019 年「**自留滿期保費收入**」是 2,101 億元（見表 7-8 ❶）。

有讀者會問，長天期保費一次就認列收入，但短天期保費則逐月認列？真的是這樣嗎？是的！真的是這樣！壽險公司的保費收入雖然很高，但由於必須負擔很高的保險成本、保險佣金等，通常不會在收到保險收入當年度獲利，甚至往往是虧損的。所以我們分析壽險公司時，**分析保費收入的用處是，藉此了解壽險公**

表 7-8 壽險業損益表—以台壽保為例

台壽保 2018~2019 合併綜合損益表（摘要） 單位：仟元				
會計科目	2019 度		2018 年度	
	金額	%	金額	%
營業收入				
簽單保費收入	212,467,355	70	265,242,589	76
再保費收入	204,191	—	199,060	—
保費收入	212,671,546	70	265,441,649	76
減：再保費支出	2,113,367	1	2,641,839	1
未滿期保費準備淨變動	431,976	—	588,030	—
自留滿期保費收入	❶ 210,126,203	69	262,211,780	75
再保佣金收入	339,288	—	729,435	—
手續費收入	1,655,759	—	1,949,460	1
淨投資損益				
利息收入	❷ 54,164,207	18	49,663,917	14
透過損益按公允價值衡量之金融資產及負債損益	❸ 26,287,612	9	(35,958,429)	(10)
除列按攤銷後成本衡量之金融資產淨損益	1,397,970	—	1,480,494	—
透過其他綜合損益按公允價值衡量之金融資產已實現損益	❹ 10,909,849	4	10,395,107	3
採用權益法認列之關聯企業及合資損益之份額	227,492	—	303,935	—
兌換損益	❺ (13,102,535)	(4)	17,375,030	5
外匯價格變動準備淨變動	❻ (1,057,989)	—	(1,542,920)	—
投資性不動產損益	441,472	—	564,680	—
投資之預期信用減損損失及迴轉利益	558,614	—	(466,566)	—
其他淨投資損益	(196,549)	—	(505,983)	—
採用覆蓋法重分類之損益	❼ (12,130,912)	(4)	13,929,922	4
其他營業收入	3,114,678	1	5,300,134	2
分離帳戶保險商品收益	❽ 20,061,625	7	21,189,867	6
營業收入淨額	302,796,784	100	346,619,863	100
營業成本				
保險賠款與給付	109,032,563	36	89,311,045	26
減：攤回再保賠款與給付	916,242	—	1,267,461	—
自留保險賠款與給付	108,116,321	36	88,043,584	26
其他保險負債淨變動	138,938,263	46	205,072,765	59
具金融商品性質之保險契約準備淨變動	878	—	115	—
承保費用	20,217	—	14,037	—
佣金費用	11,968,271	4	13,099,102	4

（標註說明：投資型保單商品同額認列收益及費用；保險成本；一正一負，將正式損益轉列非正式損益）

會計科目	2019 度		2018 年度	
	金額	%	金額	%
財務成本	623,311	—	671,451	—
其他營業成本	3,757,790	1	6,541,964	2
分離帳戶保險商品費用 ❾	20,061,625	7	21,189,867	6
營業成本	283,486,676	94	334,632,885	97
營業費用				
業務費用	1,343,473	—	1,435,437	—
管理費用	4,449,969	2	2,992,324	1
員工訓練費用	17,428	—	18,095	—
非投資之預期信用減損損失及迴轉利益	275	—	15,942	—
營業費用合計	5,811,145	2	4,461,798	1
營業淨利	13,498,963	4	7,525,180	2
營業外收入及支出	132,414	—	(17,340)	—
繼續營業單位稅前淨利	13,631,377	4	7,507,840	2
減：所得稅費用（利益）	522,290	—	(789,785)	—
本期淨利	13,109,087	4	8,297,625	2
其他綜合損益：				
不重分類至損益之項目				
確定福利計畫之再衡量數	(40,507)	—	37,882	—
透過其他綜合損益按公允價值衡量之權益工具評價損益 ❿	6,843,724	2	(3,978,691)	(1)
與不重分類之項目相關之所得稅	(283,003)	—	401,545	—
不重分類至損益之項目合計	6,520,214	2	(3,539,264)	(1)
後續可能重分類至損益之項目				
國外營運機構財務報表換算之兌換差額	(44,320)	—	9,689	—
透過其他綜合損益按公允價值衡量之債務工具損益 ⓫	14,703,731	5	(18,272,229)	(5)
採用權益法之關聯企業及合資其他綜合損益之份額—可能重分類至損益之項目	4,284	—	2,320	—
採用覆蓋法重分類之其他綜合損益 ⓬	12,130,912	4	(13,929,922)	(4)
與可能重分類之項目相關之所得稅	(3,933,716)	(1)	4,520,603	1
後續可能重分類至損益之項目合計	22,860,891	8	(27,669,539)	(8)
本期其他綜合損益	29,381,105	10	(31,208,803)	(9)
本期綜合損益總額	42,490,192	14	(22,911,178)	(7)
基本每股盈餘（單位：元）	2.97		1.99	

投資型保單商品同額認列收益及費用

資料來源：公開資訊觀測站

司是否積極吸收保險資金，為將來藉由投資賺錢，做好資金準備而已。

2. 「利息收入」

壽險業最主要的投資項目是各種債券，所以最大的投資收入來源會是利息收入。以台壽保為例，其 2019 年的利息收入達 542 億元（❷）。

3. 「透過損益按公允價值衡量之金融資產及負債損益」

這個科目顧名思義，就是表達壽險公司將資金投資在「透過損益按公允價值衡量之金融資產」，以及發行「透過損益按公允價值衡量之金融負債」這兩項資產及負債，已實現及未實現（評價差異）合起來賺的錢。例如壽險公司今年花 10 億元買了一檔股票，年中賣了 5 億元股票賺了 1 億元，年底時剩下的 5 億元股票也漲到 7 億元，這一檔股票合計賺了 3 億元（已賣出的賺 1 億加上未賣出的評價利益 2 億元）。這 3 億元都會被認列在此科目，當作正式損益，並且**立即影響 EPS**。

自 2008 年全球金融海嘯以來，全球大部分國家的利率都非常的低，低利率在兩方面嚴重傷害壽險業：首先低利率影響壽險業投資的投資報酬率，其次低利率造成未來保單的保障率（或投報率）偏低，影響到保單的銷售。為了提高投資報酬率，壽險公

司紛紛加大股票方面的投資，以賺取較高的投資報酬。以台壽保為例，其 2019 年在「透過損益按公允價值衡量之金融資產」，及「透過損益按公允價值衡量之金融負債」這兩項資產及負債的投資，為其賺進了 263 億元（❸）。

4.「透過其他綜合損益按公允價值衡量之金融資產已實現損益」

這個科目顧名思義，就是表達壽險公司出售投資在「透過其他綜合損益按公允價值衡量之金融資產」這個科目的債券，獲利的金額是多少。例如壽險公司今年花 20 億元買了一檔債券，年底時這筆投資漲到 21 億元，這 1 億元不會被正式承認，不能增加 EPS。當 3 年後這檔債券被以 23 億元賣掉時，整個 3 億元的價差可以當作出售當年度的正式利益，並增加出售當年的 EPS，如果虧了，也會讓當年度的 EPS 減少。以台壽保為例，其 2019 年在「透過其他綜合損益按公允價值衡量之金融資產」的投資，為其賺進了 109 億元（❹）。

5. 兌換損益

台灣外貿長期以來一直處於順差情況，為了壓低新台幣匯率，只好壓低利率。這讓壽險業債券方面的投資很難獲利。為了賺取較高的投報率，壽險公司紛紛將資金匯往海外投資外國債

券。依媒體報導，**壽險業海外投資的資金比重將近7成，總金額超過17兆元。**

這麼高的海外投資當然會產生龐大的匯率風險，為了降低衝擊，壽險公司大多會從事避險，只是其避險的效果（損益）不會被列在本科目中沖銷兌換損益，而是列在「透過損益按公允價值衡量之金融資產及負債損益」中，這就會讓壽險業每年呈現的兌換損益金額往往比實際數高很多。以台壽保為例，其2019年的兌換損失達131億元（❺）。

由於匯率風險是壽險業的主要風險之一，主管機關規定壽險業必須依一定公式提列「外匯價格變動準備」以自我保險。以台壽保為例，其2019年提列的自我保險費用（「外匯價格變動準備淨變動」❻）是11億元，累計的準備（見表7-1「外匯價格變動準備」科目）是33億元。

6. 「採用覆蓋法重分類之損益」

幾年前，壽險業喜歡將股票及基金的投資放在「透過其他綜合損益按公允價值衡量之金融資產」，放在這個科目的好處是，投資的評價損益不用放在正式損益中，直到真正處分時才一次認列在損益表的正式損益中。例如壽險公司今年花50億元買了一檔股票，年底時這筆投資跌到45億元，因為沒有賣掉，這5億元不會被正式承認損失，不會減少EPS。當3年後這檔股票被

以 60 億元賣掉時，整個 10 億元的處分價差才會被當作出售當年度的正式利益，並增加出售當年的 EPS。壞處是如果有評價利益的話，在未出售前也不會被正式承認利益，不會讓當年度的 EPS 增加。這個會計方法頓時成為壽險業規畫損益的天堂，因為損失可以遞延，但是有利益時可以靠著出售來實現獲利啊！

這項會計規定後來改成，大部分的股票及基金都必須改列到「透過損益按公允價值衡量之金融資產」。改列科目後的股票及基金，依市價評價之評價損益必須立刻列在「透過損益按公允價值衡量之金融資產及負債損益」中，成為正式損益。換句話說，規定變嚴了！可是這樣做會讓壽險業的損益劇烈波動，對壽險業的影響實在「太激烈了」！

為了避免太過刺激，國際會計原則就改說：「這樣好了，你們記帳時先按新的會計原則來做，然後再將這項原則改變的影響數，用「採用覆蓋法重分類之損益」這個科目把它消除。換句話說，這項新的會計規定等於不適用在壽險業身上。因為這個規定只限於壽險業採用，所以「採用覆蓋法重分類之損益」這個科目**是壽險業獨有的科目**。也就是壽險公司大部分的股票與基金投資，雖然帳列「透過損益按公允價值衡量之金融資產」，但仍然適用舊制的「透過其他綜合損益按公允價值衡量之金融資產」，其資產的評價損益不列為正式損益。

以台壽保 2019 年為例，其當年度共承認了 263 億元「透過

損益按公允價值衡量之金融資產及負債損益」，但反手間就將其中的 121 億的評價損益，透過「採用覆蓋法重分類之損益」（❼）這個科目，轉列到非正式損益（其他綜合損益）去了。下表是壽險公司 2019 年主張其大部分股票及基金的投資，雖然帳列「透過損益按公允價值衡量之金融資產」，但還是適用「透過其他綜合損益按公允價值衡量之金融資產」的比率。

表 7-9　5 大壽險公司金融資產及覆蓋法比率概況

	國泰	南山	富邦	台壽保	新光
透過損益按公允價值衡量之金融資產	13,310 億	9,401 億	12,065 億	3,197 億	3,290 億
適用覆蓋法之金融資產	12,647 億	8,961 億	11,896 億	3,051 億	2,719 億
採用覆蓋法比率	95%	95%	99%	95%	83%

資料來源：各公司財報及附註

　　2020 年第 1 季，新冠肺炎疫情導致股市大跌，在一片哀嚎聲中，國泰人壽第一季獲利達 152 億元，較去年第一季成長 236%。消息傳出引起市場一片嘩然，認為不可思議。其實就是拜壽險業這項獨有的會計規定所賜啦！下表是主要壽險公司 2020 年第 1 季真實損益的資訊。我們可以發現，主要保險公司 2020 年第 1 季真實損益，都是大虧啦！

表 7-10　疫情拖累 5 大壽險公司 2020 年 Q1 投資績效皆大虧

單位：億元

	國泰	南山	富邦	台灣	新光
透過損益按公允價值衡量之金融資產損益	-1,074	無資料	-1,114	-259	-550
採用覆蓋法重分類之損益（A）	1,013	無資料	1,235	273	448
損益表之本期淨利（B）	152	無資料	178	42	39
若不修飾的真實損益（C）=（B)-(A）	-861	無資料	-1,057	-231	-409

7.「分離帳戶保險商品收益」（⑧）

當壽險公司收到投資型保單時，會就收到的保單金額同額認列收益及費用，這就是為什麼我們會在成本中看到同額的「分離帳戶保險商品費用」（⑨）的原因。從這兩個科目，我們可以得知的是，這家壽險公司當年收到的投資型保單有多少而已，至於壽險公司真正賺的是手續費及超額利潤的分潤收入，依規定放在其他科目。

8.「保險成本」

保險成本主要是由「自留保險賠款與給付」及「其他保險負債淨變動」兩個科目的變動金額所組成。「自留保險賠款與給付」是說該年因為理賠而實際付了多錢，「保險負債」金額每年會因為舊保單的利息成本（主要是期初保險負債折現率）以及收

受新保單而增加，也會因舊保單之被保險人出事或保障期滿而減少，「其他保險負債淨變動」就是反映保險負債金額的變動。以台壽保為例，其 2019 年自己理賠了 1,081 億元，保險負債科目金額淨增加了 1,389 億元。

9. 「其他綜合損益」

其他綜合損益就是非正式損益。稱其為非正式損益主要是因為這些數字在損益表的「本期淨利」科目以下，亦即其數字與投資人在意的公司 EPS 沒有關係。

其他綜合損益內有很多細項，但主要科目在壽險業會有以下 3 個：

(1)「透過其他綜合損益按公允價值衡量之權益工具評價損益」

任何公司把股票或基金放在「透過其他綜合損益按公允價值衡量之金融資產」這個科目時，其年底的評價損益會放在此科目。以台壽保為例，2019 年此科目的金額是 68 億元（❿）。

(2)「透過其他綜合損益按公允價值衡量之債務工具損益」：

任何公司把債券放在「透過其他綜合損益按公允價值衡量之金融資產」這個科目時，其年底的評價損益會放在此科目。以台壽保為例，2019 年此科目的金額是 147 億元（⓫）。

(3)「採用覆蓋法重分類之其他綜合損益」

壽險公司不想將「透過損益按公允價值衡量之金融資產」的股票及基金年底的評價損益列入正式損益的，可以透過此科目將其從正式損益改列為非正式損益。我們可以看到此科目在損益表中，一正一負出現兩次，目的就是將正式損益轉到非正式損益。以台壽保為例，2019 年此科目的金額是 121 億元（⓬）。

除上述以外，其他的科目都是很正常的科目，我們就不多介紹了。

- 壽險業的國際會計準則非常的糟糕，損益表的呈現方式更是化簡為繁，更可以依會計原則合法穩定短期損益，壽險業的損益表基本上無法允當表達壽險業短期的真正損益狀況。

- 但是因為壽險業主要是從事長期投資及長期保障工作，只要利率、匯率或股債市有波動，對資產價值就會產生重大影響。投資人投資壽險股或以壽險為主的金控股，宜以長期觀點看待之。

- 如果要看壽險業短期真正損益數字，比較可以允當表達其損益數字的，應該是去看本期淨利（正式損益）加上其他綜合損益（非正式損益）合計的綜合損益數。

從下表我們可以看到 2020 年第 1 季壽險公司帳面上的本期淨利和本期綜合損益數字實在差異太大了！希望讀者看了之後血壓可以保持正常！

表 7-11　5 大壽險公司 2020 年 Q1 淨利與綜合損益差異概況

	國泰	南山	富邦	台壽保	新光
損益表所列本期淨利	152 億	無資料	163 億	42 億	56 億
損益表所列綜合損益	-1,152 億	無資料	-1,054 億	-425 億	-460 億

- 另一方面，我們可以藉由追蹤股東權益變動表下列兩個科目的累計金額，檢視各壽險公司依會計原則合法隱藏的損益累積數字，推測出它們對個別公司未來損益的影響。

表 7-12　5 大壽險公司截至 2020 年 Q1 合法隱藏的損益概況

	國泰	南山	富邦	台灣	新光
採用覆蓋法重分類之其他綜合損益累積數字（主要是股票及基金）	-336 億	無資料	-724 億	-242 億	-344 億
「透過其他綜合損益按公允價值衡量之金融資產未實現損益」累積數字（由債券造成的）	201 億	無資料	153 億	-130 億	-80 億

II

讀懂財報眉角

讀財報·
起手式

- 消息面重要？還是財報面重要？
- 財報總是厚厚一本，
  如何更有效率的解讀？
- 如何解讀現金流量表中的營業、
  投資及籌資活動？
- 何謂「結構性獲利能力」？

消息面重要？
還是財報面重要？

投資者在投資股票時，究竟是消息面重要？還是財報面比較重要？

很多人猜我一定會說財報面比較重要！很不幸的是，猜錯了！我認為消息面更加重要！

因為消息面透露的是企業現在，甚至是未來可能的獲利預估，而財報數字顯示的只是企業過去的獲利情形，讀者雖然可以根據財報的獲利結構，去推測企業未來可能的獲利情形，但終究不如消息面來得及時。

投資人或經營者越早取得消息，在別人還沒有反應過來之前就採取必要行動，可以獲得先行者優勢，這是早知者的好處。

但是如果這個消息是假的呢？或者消息過於樂觀或悲觀呢？所以投資人一定要記住，必須要有產業與財報知識來證實或評估消息面，否則就會陷入資訊的陷阱，最後「怎麼死的都不知道」。所以對於入手的消息，我們必須評估消息是否正確，而非

照單全收。

　　評估一項消息是否正確，最直接和有效的方法就是，從這項消息的權威人士得到證實。例如一年前就有打球的朋友提到譜瑞 -KY 會很好，經過詢問一些 IC 設計業的朋友得到的答案是，伴隨著 5G 與全球資訊量的大幅成長，高速傳輸的重要性與日俱增，而譜瑞 -KY 就是從事高速傳輸晶片設計有成的企業。

以財報數字檢驗市場訊息

　　可是，對於缺乏求證管道的投資大眾，評估消息是否正確的條件不外乎：

1. 具備產業知識。如果沒有產業知識，怎麼被「騙到死」都不知道。

2. 具備財報知識。充足的財報知識可以幫助我們判斷，一個消息對公司財務的影響是什麼？影響多大？我們甚至可以從財報來反推消息面是否「有鬼」。

　　產業知識可以學習，如何看懂財報也可以學習。具備特定產業知識的人，往往可以更容易看懂該產業的財報，而藉由研究與比較同產業內不同公司的財報，也會讓我們獲得很多寶貴的產業知識，甚至能了解個別公司的優勢所在。

　　為了說明以上兩點的重要性，我用中國最大晶圓代工廠中芯

國際 2019 年第 3 季的盈利消息為例。

　　該公司在 2019 年 12 月公布第 3 季的營收，其財報中揭露表示：「2019 年第 3 季營收為 8.165 億美元，較 2018 年同期的 8.507 億美元，營收衰退 4%。毛利為 1.698 億美元，較 2018 年同期的 1.745 億美元，衰退 2.7%。第 3 季單季淨利達到 1.15 億美元，較 2018 年同期增加 333.5%，每股 EPS 為 0.02 美元。」

　　接著媒體報導：「週二（12 日）中芯國際（0981-HK）於港股盤後公布 2019 年 Q3 財報，純益達 1.151 億美元，大幅高於市場預估的中位數 4,830 萬美元，甚至高過市場預估的頂標 1.02 億美元，年增率高達 333.5%。中芯國際聯合首席執行長趙海軍、梁孟松表示，由於客戶庫存消化、公司產能利用率提高、先進光罩銷售增加，故刺激了中芯 Q3 財報數字大幅優於市場預期，並看好 Q4 營收將繼續維持成長動能。」

　　此消息公布之後，中芯股價隨即大漲。

　　從這則消息中得知，中芯第 3 季營收與毛利皆衰退，但盈利卻大漲。這個獲利改善的消息與我的產業知識和財報知識是相違背的，明明 2019 年半導體產業整體在前 3 季的市場不佳，且營收和毛利皆下跌，那麼中芯財報中又是從何而來？何以利潤會大幅上升？

　　於是我進到香港股市網站「香港交易所」，查閱該公司的財

報。從表 1-1 可看出，毛利確實比前一年衰退 2.7％，這家公司的利潤之所以增加，是經營開支（台灣稱為「營業費用」）減少及其他收入（台灣稱為「營業外收支」）增加所致。

表 1-1　中芯 2018 與 2019 財報季度比較　　單位：仟美元

	2019 年 Q3	2019 年 Q2	季度比較	2018 年 Q3	年度比較
收入	816,452	790,882	3.2%	850,662	-4.0%
銷售成本	(646,637)	(639,724)	1.1%	(676,119)	-4.4%
毛利	169,815	151,158	12.3%	174,543	-2.7%
經營開支（即營業費用）	(122,665)	(193,988)	-36.8%	(180,371)	-32.0%
經營利潤（虧損）（即營業淨利）	47,150	(42,830)	-	(5,828)	-
其他收入，淨額（即營業外收支）	41,537	18,379	126.0%	17,843	132.8%
除稅前利潤（虧損）	88,687	(24,451)	-	12,015	638.1%
所得稅開支	(4,061)	(1,366)	197.3%	(4,424)	-8.2%
本期利潤（虧損）	**84,626**	**(25,817)**	**-**	**7,591**	**1014.8%**
其他綜合收益（虧損）：					
外幣報表折算差異變動	(20,032)	(10,057)	99.2%	(28,192)	-28.9%
現金流量避險	(10,617)	(9,908)	7.2%	758	-
設定受益計畫精算損益	-	(775)	-	159	-
本期綜合收入（虧損）總額	**53,977**	**(46,557)**	**-**	**(19,684)**	**-**
本期以下各方應佔利潤（虧損）：					
本公司擁有人	115,135	18,539	521.0%	26,559	333.5%
非控制權益	(30,509)	(44,356)	-31.2%	(18,968)	60.8%
本期利潤（虧損）	**84,626**	**(25,817)**	**-**	**7,591**	**1014.8%**
毛利率	20.8%	19.1%		20.5%	

資料來源：中芯國際 2019 年第 3 季度季報

於是我再細看其經營開支（表 1-2），發現相關開支都增加，主要是「其他經營收入」增加才導致經營開支變少。而「其他經營收入」的來源則是轉售子公司股票獲利 8,140 萬美元，以及政府補助 5,830 萬美元，原來這才是真正造就經營開支大幅減少的原因。

表 1-2　中芯經營開支（收入）2018-2019 季度比較

單位：仟美元	2019 年 Q3	2019 年 Q2	季度比較	2018 年 Q3	年度比較
經營開支	122,665	193,988	-36.8%	180,371	-32.0%
研究及開發開支	185,019	182,207	1.5%	172,246	7.4%
一般及行政開支	70,041	64,578	8.5%	50,337	39.1%
銷售及市場推廣開支	5,900	8,852	-33.3%	6,102	-3.3%
財務資產減值虧損確認淨額	1,752	627	179.4%	198	784.8%
其他經營收入＊	(140,047)	(62,276)	124.9%	(48,512)	188.7%

附註：
＊其他經營收入的變動主要由於 1) 處置附屬公司獲得的收益 8 仟 1 佰 40 萬元，以及 2) 政府項目資金在二零一九年第三季為 5 仟 8 佰 30 萬元，相比二零一九年第二季為 6 仟 1 佰 80 萬元。

資料來源：中芯國際 2019 年第 3 季度季報

再看表 1-1「其他收入，淨額」增加的原因，是因為中芯轉投資的企業在第三季有獲利，因此按權益法認列投資收入達 1,956 萬美元所致（詳表 1-3）。

於是我們可以從財報反推，顯然消息面所說的，因「客戶庫存消化、公司產能利用率提高、先進光罩銷售增加使中芯 Q3 財報數字

表 1-3　中芯轉投資按權益法認列投資收入 2018-2019 季度比較

單位：仟美元	2019 年 Q3	2019 年 Q2	季度比較	2018 年 Q3	年度比較
其他收入，淨額	41,537	18,379	126.0%	17,843	132.8%
利息收入	36,810	36,612	0.5%	18,689	97.0%
財務費用	(15,187)	(16,646)	-8.8%	8,212	-
外幣匯兌虧損	(248)	(5,487)	-95.5%	(9,223)	-97.3%
其他收益，淨額	594	4,090	-85.5%	1,781	-66.6%
以權益法投資之應佔（利益）損失	19,568	(190)	-	(1,616)	-

以權益法投資之應佔（利益）損失的變動主要由於本季度聯營公司及合營公司的利益所致。本集團部分聯營公司及合營公司為若干投資組合的基金管理機構，本季度以權益法投資之應佔利益主要由於投資組合的公允價值變動所致。

資料來源：中芯國際 2019 年第 3 季度季報

大幅優於市場預期⋯⋯」是有問題的！

事實上，直至 2019 年第 3 季，中芯本業的獲利一直不見起色、甚至繼續衰退中，主要靠政府補貼與處分部分轉投資來獲利，在經營上可說是虧損得一塌糊塗。

以產業知識追究消息下的真相

再來看另外一個例子，2020 年第 1 季新冠肺炎疫情導致股市大跌，在一片哀嚎聲中，以壽險為主力的國泰金控，發布旗下國泰人壽第一季獲利達 152 億元，較去年第 1 季成長 236%。消息傳出，市場一片嘩然，一些證券分析師認為不可思議，問我為什麼會這樣？

國泰金控是一家公司治理良好，各項表現都相當傑出的公司，不可能在財報上造假。我告訴他們，壽險業有一項獨特的會計原則規定，大意是壽險業在股票及受益憑證上的投資，在賣出前因為市價的起伏導致的評價差異（市價－成本），大多可以遞延到賣出時，才根據實際成交價格認列投資損益。這應該是理論上虧損，但結果卻是賺錢的主因。換句話說，2020 年第 1 季壽險業之所以「帳上」沒有大虧，其實是拜壽險業這項獨有的會計規定所賜！

　　表 1-4 是我整理 4 大上市壽險公司 2020 年第 1 季比較真實的「大虧數字」。讀者如果想要搞懂這些數字的意義，歡迎您加入我們的「修仙成神」俱樂部，用心參閱本書第一部分的第 6 章銀行業與第 7 章壽險業財報的章節。

表 1-4　4 大上市壽險公司 2020 年 Q1「透過損益按公允價值衡量之金融資產損益」比較

	國泰	富邦	台壽保	新光
透過損益按公允價值衡量之金融資產損益	-1,074 億	-1,114 億	-259 億	-550 億
採用覆蓋法＊重分類之損益 [A]	1,013 億	1,235 億	273 億	448 億
損益表之本期淨利 [B]	152 億	163 億	42 億	39 億
若不修飾的真實損益 [C] = [B]-[A]	-861 億	-1,072 億	-231 億	-409 億

再看另外一個例子。有媒體報導，國內某家電子通路商接到一筆 100 億元的訂單，光看這個消息面，「感覺」該公司可以賺很多錢，對未來的財報「應該」會是一個正面的消息。

然而經詢問，這是原廠安排的轉單交易，毛利率只有 1%，以該公司的規模而言，1% 的毛利減掉相關的費用後，獲利可說是介於「有跟沒有之間」。如果不懂財報，不清楚這家公司的營運規模，會以為 100 億元的營收很大，可以賺很多錢，殊不知事實上只是白忙一場。

 ・一個好的投資者，要能夠充分掌握消息面、財報面和產業知識。能夠掌握這三者，就能無往不利；不能掌握，就準備被騙還幫忙數錢。

財報總是厚厚一本，如何更有效率的解讀？

　　想要有效率的閱讀財報，首先要了解一份完整的財報究竟揭露了什麼事項，然後用刪去法，將不需要仔細閱讀的部分略過，如此就可以很有效率的閱讀並了解特定公司的財報。

　　世界各國的財報科目並沒有統一的格式，多少都有不同，甚至在歐美國家，每個公司財報的表示方法也未必相同。台灣政府為了讓閱讀者清楚了解，規定上市櫃公司的財報必須以如表 2-1 的項次揭露（特殊產業如金融業等除外）。

　　閱讀財報的順序，首先要看項目四的會計師查核報告，確定其查核意見是否正常。

　　其次是看四大表中的三大表（項目五、六及八），即合併資產負債表、合併綜合損益表和合併現金流量表。項目七的合併權益變動表，除非遇到金融業，否則基本上不太需要閱讀。至於如何看懂三大表的重點與方式，在我的第一本書《大會計師教你從財報數字看懂經營本質》有詳細說明，讀者可以詳讀此書，此處

表 2-1　財務報表的架構及閱讀的重點項目

財務報告目錄		
項目	頁次	財務報表附註編號
一、封面	1	
二、目錄	2	
三、關聯企業合併財務報表聲明書	3	
四、會計師查核報告書	4-8	
五、合併資產負債表	9-10	
六、合併綜合損益表	11	
七、合併權益變動表	12	
八、合併現金流量表	13-14	
九、合併財務報表附註		
〔一〕公司沿革	15	一
〔二〕通過財務報表之日期及程序	15	二
〔三〕新發布及修訂準則及解釋之適用	15-18	三
〔四〕重大會計政策之彙總說明	19-32	四
〔五〕重大會計判斷、估計及假設不確定性之主要來源	32-33	五
〔六〕重要會計科目之說明	34-57	六
〔七〕關係人交易	58	七
〔八〕質押之資產	58	八
〔九〕重大或有負債及未認列之合約承諾	59-60	九
〔十〕重大之災害損失	60	十
〔十一〕重大之期後事項	60	十一
〔十二〕其　他	61-68	十二
〔十三〕附註揭露事項	69-72	十三
1.重大交易事項相關資訊	69-71	
2.轉投資事業相關資訊	72	
3.大陸投資資訊	72	
〔十四〕部門資訊	73-75	

不再贅述。

當我們閱讀三大表時，若有疑義就要去看相應的附註，以了解原因。台灣財報的附註放在第九項，第九項又分十四小項。其中第（一）至（五）項主要說明公司沿革、會計政策、準則等等。這部分的內容，別說是一般人看不懂，即便是學會計的人也是一知半解，對於閱讀財報內容幾乎沒有任何幫助，不但傷眼力又浪費時間。所以除了其中一段提到有哪些子公司被編入合併報表的資訊外，讀者可以跳過不需閱讀，甚至連編入合併報表的有哪些子公司的資訊，也大多可以不必閱讀。

同理，第（十二）所揭露的資本管理、金融工具及風險管理政策等等，對於絕大部分的閱讀者來說，不僅不知所云，更是用不著。這一段讀者也可以跳過不需閱讀。

如果今天由我來制定財報編製準則，我會把這些段落放在財報的最後面，讓具有文藝氣息的讀者慢慢欣賞體會，或許能培養出更高層次的氣質也說不定。

也就是說，第九項只要看第（六）至（十四）項〔除第（十二）項〕即可。那麼，這八項的內容是否全部都要仔細閱讀？那也不一定。**需要看的主要是你看三大表時有疑問的科目。**

以下分別說明附註九第（六）至（十四）項的內容〔第（十二）項除外〕。

附註（六）重要會計科目之說明

附註（六）要讀到多深入，要視財報科目是否有奇怪的地方或是你有興趣的科目。以台積電為例，其應收帳款與存貨的週轉天數都很正常，所以這兩個科目相關附註不需要特別去看。另一方面，台積電有上千億各式各樣的投資，想了解台積電的投資是否專注在本業，就可以從附註中了解，這在我的第一本書皆有詳細說明，此處不再贅述。

台積電的附註（六）中，我會去了解的附註是：

1. **各項投資**：主要是看放在流動及非流動資產的各項金融資產是否以理財性投資為主。放在非流動資產的權益法投資是否聚焦在本業相關公司上。

2. **「不動產、廠房及設備」**：主要了解當年度買了多少設備，以評估公司是否繼續投資來維持競爭力。另外2019 年台積電折舊金額偏低，不過會計師在查核報告中已有所解釋。

3. **營收內容**：主要是了解產品運用的歸屬（技術平台別），以及製程中 16 奈米以下的金額。因為先進製程的比重越高越好。

表 2-2 是台積電營業收入附註的主要內容。

表 2-2　台積電營業收入附註內容

本公司地區別收入主要係以客戶營運總部所在地為計算基礎。

技 術 平 台 別	2019 年度	2018 年度
智慧型手機	523,612,863	466,452,280
高效能運算	315,822,311	341,910,195
物聯網	86,342,707	65,091,314
車用電子	47,914,518	51,709,787
消費性電子	53,733,395	58,470,179
其　他	42,559,654	47,839,802
	1,069,985,448	1,031,473,557

製 程 別	2019 年度	2018 年度
7 奈米	249,548,139	81,680,746
10 奈米	23,266,355	96,989,486
16 奈米	186,700,858	187,370,567
20 奈米	9,535,831	23,618,466
28 奈米	149,578,719	178,440,396
40／45 奈米	93,366,285	101,801,017
65 奈米	69,250,008	76,122,259
90 奈米	25,624,251	36,652,061
0.11／0.13 微米	22,947,287	20,677,658
0.15／0.18 微米	77,564,492	81,182,646
0.25 微米以上	19,935,126	26,761,062
晶圓收入	927,317,351	911,296,364

資料來源：台積電 2019 年年報

　　從附註中可看出，台積電的先進製程占其營收的 1/2 以上，難怪這家公司這麼賺錢。

附註（七）關係人交易

　　我會看一下公司在銷貨或進貨方面是否有嚴重依賴特定關係人，例如 50％的銷貨是賣給特定關係人。另外，是否有巨額的預付特定關係人貨款（預付貨款）或借給特定關係人資金（其他應收款），否則我不太在意。因為即使有其他圖利他人之處，附註也不會說出來，不是嗎？

附註（八）質押之資產

　　將資產質押或抵押給銀行借款是正常的，充當投標之押標金也是正常的，其他質押或抵押就要注意。這段附註對於正常的公司其實也是不必看的。

附註（九）重大或有負債及未認列之合約承諾

　　未認列之合約承諾，例如訂購多少台機器設備，這種事大多是正常的商業合約內容。真正要看的是「重大或有負債」。

　　所謂「或有負債」，實務上大多是公司被告，被要求巨額賠償，但因官司尚未定案，實際賠償金額不確定，這種不知要不要賠或要賠多少的可能負債，叫做「或有負債」。會計原則中有規範，企業如果知道欠人家多少錢，報表上一定要認列，如果不知道欠多少錢，就盡可能的去加以估計，另外在財報中說明事件的

整體情況即可；但對於不知道最終要賠多少錢的事項，實務上絕大部分的被告公司，都會有損失及負債嚴重提列不足的現象。

以 2020 年第 2 季廣明被美國法院判決，必須賠償美商惠普約 132 億元的案件為例，廣明歷年來財報都有揭露此一官司，並提到有估列相關損失及負債準備。但經我查看廣明 2020 年第 1 季的財報，廣明並未說明估列了多少負債準備，根據研究廣明財報的結果顯示，所估列的負債準備數應該很低，以致看不到相關數字！

更甚者，因為重大訴訟很敏感，公司都會詢問律師的意見，律師站在其專業立場，用字遣詞都很保守，擔心財報上寫得太清楚會成為對手告發的證據，而對官司不利，或嚇跑投資人。例如台灣還有被求償巨額賠償的公司，從其財報揭露上我們只知有此事件，但看不到金額及可能結果的估計。因此若有重大官司，讀者應該與媒體的報導一起看，並隨時注意相關事件的進展。

附註 (十) 重大之災害損失

這個項目除非公司因為遇到颱風、地震或火災，否則一般狀況下都是沒有的。至於 2020 年這個百年一「疫」的時點就看看吧！不過看了就會減少損失嗎？

附註 (十一) 重大之期後事項

期後事項是指公司在財報截止日到財報經董事會通過,這段期間所發生的重大事項。有時是壞事,例如 2019 年的財報會告訴你 2020 年公司發生火災、淹水或新冠肺炎疫情對公司的影響等等。有時是好消息,例如要併購或賣哪個子公司或部門。期後事項不管好壞,通常都是大事,建議讀者要仔細閱讀甚至要追蹤事件後續的發展。

圖 2-1 是雄獅旅行社 2020 年財報對新冠肺炎疫情在「重大之期後事項」揭露的內容。

圖 2-1　雄獅旅行社 2020 年 Q1 財報附註之「重大之期後事項」

二九、重大之期後事項

109 年度因新型冠狀病毒肺炎疫情影響整體旅遊市場,合併公司部分團體旅遊無法依原定行程出團,依合併公司 109 年 3 月 18 日公告,預估營業收入影響數約 5,300,000 仟元,截至本合併財務報告通過發布日止,合併公司仍持續評估營運及整體產業受影響之程度。

附註 (十四) 部門資訊

部門別財務資訊揭露的內容,通常是公司內部向最高管理階

層報告的各部門損益，經過再濃縮或簡化後的資料。但常常因為被簡化過頭了，讓人不知所云。

例如大同的部門資訊（表2-3）包括光電、機電能源系統、消費產品、不動產、其他等部門。台積電則主張他只有晶圓代工一個部門。站在報表閱讀者的立場，我認為大同應該揭露的部門別資訊，至少要有機電、家電、家電通路、半導體、不動產、太陽能及電腦整合等部門；台積電則應該揭露 5、7、10、16、20、28、40/45、65 及 65 以上奈米製程的損益。別告訴我你們沒有這些資訊！

所以你從（十四）部門資訊中，常常找不出有用的資訊或是資訊很有限！因為那往往是公司懶惰或是為了保護公司商業機密、或是不想讓人看到難堪之處，所施展的障眼法。想要進

表2-3　大同公司的部門別營運資訊

	光電事業部門	機電能源系統事業部門	消費產品部門	不動產開發部門	其他事業部門	調節及銷除	集團合計
收入							
來自外部客戶收入	1,507,876	19,446,163	9,428,123	3,614,369	1,426,484	-	35,423,015
部門間收入	8,213	2,961,857	4,197,881	494,021	475,605	(8,137,577)	-
收入合計	1,516,089	22,408,020	13,626,004	4,108,390	1,902,089	(8,137,577)	35,423,015
部門（損）益	(11,955,010)	(8,427,195)	(1,441,166)	10,391,005	2,579,582	(302,677)	(9,155,461)

資料來源：大同公司 2019 年報

一步了解公司損益的來源，肯花時間的讀者，可以去閱讀附註（十三）及一些子公司的報表。

附註（十三）附註揭露事項

附註揭露事項主要是對附註（六）的部分內容提供更詳細的資訊。附註揭露事項共分成十大附表。由於資訊量大，很多公司將附註（十三）放在（十四）後面，所以我也把它放在最後來說明。這段內容因為太過詳細，與其說是給讀者看的，不如說是供主管機關參考用的。那讀者要怎麼看呢？我的建議是平時不用看，如果看附註有不清楚之處再來這邊查，查什麼呢？

1. **期末持有有價證券明細**：依規定，公司必須將所持有的股票、基金、債券等逐一列示在此。以台積電 2019 年財報為例，共用 22 頁來列示其所持有之各項金融資產。看了這份揭露，終於了解台積電怎麼操作投資以及它都投資在哪些標的了。

2. **被投資公司的名稱、所在地區等相關資訊**：這份資料或許是整份附註（十三）最重要的，因為它**揭露每一家被投資公司的損益**，透過這份資料，我們可以知道每一家被投資公司的損益。

建議其他附表就不必看了。

看財報時應該先看哪一張報表？

公司財報最重要的報表是損益表及資產負債表。損益表就如一個人的外在美，資產負債表就如一個人的內在美。到底應該先看哪一張表？當然是順從人的本心先看損益表啊！為什麼？大多數人交男女朋友不都是先看帥不帥、美不美，然後再決定要不要深入交往的嗎？所以看財報當然先看「損益表」，損益表絕對是重中之重，首先要看這家公司是否賺錢，以及是否有結構性的獲利能力。但是先看損益表不代表不用看其他報表，不看其他報表，表示沒有去了解企業的內在美，那你會連怎麼死的都不知道。

舉例來說，揚華科技 2014 年度的損益表（如表 2-4）顯示業績成長近 100%，獲利增加 1 億元，每股盈餘從 2.7 元增加到 4.2 元，如果你只看這張漂亮的損益表而不看其他表，投資就會血本無歸，因為這家公司作假帳。

怎麼看的呢？因為該公司 2014 年度的資產負債表中（表 2-5），其「應收帳款週轉天數」高達 163 天，這個數字很有問題，畢竟一個買賣 LED 的公司，應收帳款週轉天數怎麼可能高達 163 天呢？當你發現問題之後再往回追溯，會發現該公司 2013 年度的應收帳款週轉天數更是高達 190 多天，後來事實也證明該公司確實作假帳。

所以對於追蹤的標的，如果是第一次看這家公司的報表，一定要好好研究其資產負債表，以了解其資產及負債是否乾淨，是否大部分為營業所需。

表 2-4 揚華科技（原名金美克能）2014 年度損益表（摘要）

單位：仟元

會計科目	2014 年度		2013 年度	
	金額	%	金額	%
營業收入	**2,924,757**	**100**	**1,474,150**	**100**
營業成本	(2,544,269)	(87)	(1,281,140)	(87)
本期淨利	**267,343**	**9**	**177,631**	**12**
其他綜合損益				
備供出售金融資產未實現評價〔損失〕利益	(592)	—	176	—
本期其他綜合〔損〕益〔稅後淨額〕	(592)	—	176	—
本期綜合淨利總額	266,751	9	177,807	12
每股盈餘〔元〕				
基本每股盈餘	**4.07**		**2.70**	
稀釋每股盈餘	4.06		2.70	

資料來源：公開資訊觀測站

表 2-5 揚華科技 2014 年度資產負債表（摘要）

單位：仟元

資產	2014 年度		2013 年度	
	金額	%	金額	%
流動資產				
現金及約當現金	252,312	11	107,275	7
無活絡市場之債券投資 - 流動	2,760	—	2,769	—
應收票據	**43,859**	**2**	**68,180**	**4**
應收帳款 - 非關係人	**1,263,562**	**54**	**697,619**	**45**
其他應收款	6,741	—	5,351	—
存貨	349,545	15	191,220	12
預付款項	4,823	—	1,307	—
待出售非流動資產	46,000	2	46,000	3
其他流動資產	709	—	7,724	1
流動資產總計	1,970,311	84	1,127,445	72
非流動資產總計	388,486	16	435,642	28
資產總計	2,358,797	100	1,563,087	100

> 應收帳款
> 週轉天數 163 天

資料來源：公開資訊觀測站

以上是針對獲利的公司而言。如果是虧損的公司，資產負債表更要詳細看，以評估這家公司能否撐得下去。以勝華公司為例（表2-6），它在2013年，蘋果更換觸控面板供應商不到1年就陷入財務危機，因為該公司的長期資金（❷，❸）不足以支應長期資本支出（❶）的需求，也就是該公司以短期資金（借款）去從事擴廠需要，當然很快就出問題。

表 2-6　勝華公司資產負債表　　單位：仟元

會計項目	2014 年 12 月 31 日		2013 年 12 月 31 日〔重編後〕	
資產	金額	%	金額	%
流動資產合計	6,853,619	41	32,010,178	39
非流動資產				
以成本衡量之金融資產—非流動	51,100	—	148,895	—
採用權益法之投資	229,973	1	—	—
不動產、廠房及設備	8,588,290	52	❶ 46,039,575	56
投資性不動產淨額	237,516	1	222,109	—
電腦軟體			52,684	—
商譽			36,866	—
遞延所得稅資產			1,279,634	2
預付設備款	—	—	1,006,942	1
存出保證金	35,255	—	75,243	—
其他金融資產—非流動	365,144	2	149,025	—
長期預付租金	276,785	2	1,159,431	2
其他非流動資產	214,131	1	51,654	—
非流動資產合計	9,998,194	59	50,222,058	61
資產總計	16,851,813	100	82,232,236	100

2013 年長期資金去處合計 460 億

會計項目	2014 年 12 月 31 日		2013 年 12 月 31 日〔重編後〕	
資產	金額	%	金額	%
負債及權益				
流動負債合計	33,130,655	196	48,851,698	59
非流動負債				
長期借款	—	—	7,011,871	9
遞延所得稅負債	—	—	17,388	—
其他非流動負債	3,337	—	12,883	—
非流動負債合計	3,337	—	❷ 7,042,142	9
負債總計	33,133,992	196	55,893,840	68
歸屬母公司業主之權益				
普通股股本	20,477,784	122	18,477,784	22
資本公積	6,807,615	40	15,604,397	19
待彌補虧損	(44,142,642)	(262)	(8,555,901)	(10)
其他權益	643,365	4	658,902	1
歸屬母公司業主之權益合計	(16,213,849)	(96)	26,185,182	32
非控制權益	(68,301)	—	153,214	—
權益總計	(16,282,179)	(96)	❸ 26,338,396	32
負債及權益總計	16,851,813	100	82,232,236	100

> 2013 年長期資金來源合計 334 億，只有 2013 年長期資金去處 460 億的 72%

資料來源：勝華 2014 年年報

如何解讀現金流量表中的
營業、投資及籌資活動？

很多讀者問我現金流量表的問題，他們的問題集中在兩處，一是為什麼現流表會分成營業、投資及籌資活動，這是什麼意思？然後才是現流表太複雜了，如何看才能看得懂？

在說明這幾個問題之前，我先舉個朋友的例子來請讀者評評理，看看是不是真的是老婆持家不力。

我有個律師晚輩，前一陣子他酒後吐怨氣說，他一年賺 700 萬元，老婆卻跟他說沒錢？我了解狀況後，就跟他說，其實你們之間有點誤會，你老婆其實是很愛你、很廉潔的，然後向他分析癥結點如下：

我說，你一年雖然賺 700 萬，但實際上並沒有拿到 700 萬，因為這 700 萬包括 100 萬左右的獎金，而且是次年 3 月才能拿到，所以實質上只有 600 萬。也就是說，事實上老婆只能拿到 600 萬，這是第一個問題。

第二個問題是：600 萬還要繳 100 萬左右的稅，然後你們花

在兩個小孩貴族學校的學雜費約 100 萬，加上購買預售屋而付給建商 150 萬，這兩筆錢，算是投資，不是夫人花掉。接著你們每年拿 48 萬孝順父母，這筆錢算是付「股東股息」，概算下來真正可以用的錢只有 200 萬，而且你們還要養印傭、一年還要舉家到歐美遊玩兩次……。

所以在管理自家財務時，首先必須釐清當年度究竟有多少現金可用，其次是分析花費的項目，一般分為三種。第一種是日常開銷，包括生活日用品、伙食、開車、旅遊、甚至傭人薪酬等等，也就是所謂的營業活動；第二種是投資，比如此例中的購屋款以及子女學費就是投資；第三種是上繳股東，比如此例的大股東就是生養的父母親。

一個家庭因為錢財而產生齟齬，有時是因為欠缺財務觀念所致。由家庭推衍到大公司，一個公司的現金流量表也是依據這個觀念，分成營業、投資及籌資三種活動而來。釐清觀念後，我們就可以從一個公司的現流表，了解公司的獲利品質，是否有能力投資去和同業競爭，以及是否有能力派發或加派股息。

接下來，我們就用台積電 2019 年的現金流量表，來說明怎麼看懂營業、投資及籌資活動的現金流量情形。

一、營業活動

企業的營業活動就是要表達企業從他的「本業中」賺取多少

現金。我們可以按照以下順序來了解營業活動是如何賺取現金的：

表 3-1　從現金流量表看企業的營業活動—以台積電為例　單位：仟元

會計項目		2019 年度	2018 年度
營業活動之現金流量			
稅前淨利	❶	389,845,336	397,510,263
調整項目：			
收益費損項目			
折舊費用	❷	281,411,832	288,124,897
攤銷費用	❸	5,472,409	4,421,405
預期信用減損損失（迴轉利益）－債務工具投資		1,714	(2,383)
財務成本		3,250,847	3,051,223
採用權益法認列之關聯企業損益份額		(2,844,222)	(3,057,781)
利息收入		(16,189,374)	(14,694,456)
股份基礎給付酬勞成本		2,818	—
處分及報廢不動產、廠房及設備淨損		949,965	1,005,644
處分無形資產淨損（益）		2,377	(436)
不動產、廠房及設備減損損失（迴轉利益）		(301,384)	423,468
透過損益按公允價值衡量之金融工具淨損失		955,723	358,156
處分透過其他綜合損益按公允價值衡量之債務工具投資淨損失（利益）		(537,835)	989,138
處分子公司損失		4,598	—
與關聯企業間之未（已）實現利益		(3,395)	111,788
外幣兌換淨損（益）		(5,228,218)	2,916,659
股利收入		(417,295)	(158,358)
公允價值避險之淨損（益）		(13,091)	2,386
租賃修改利益		(2,075)	—

❺ 這些科目會轉到投資或籌資活動

會計項目		2019 年度	2018 年度
與營業活動相關之資產／負債淨變動數			
透過損益按公允價值衡量之金融工具		848,750	480,109
應收票據及帳款淨額		(18,119,552)	(13,271,268)
應收關係人款項		(277,658)	599,712
其他應收關係人款項		13,375	106,030
存貨		20,249,780	(29,369,975)
其他金融資產		3,383,500	(4,601,295)
其他流動資產		(76,263)	(513,051)
其他非流動資產		—	152,555
**　應付帳款**	❻	5,860,068	4,540,583
應付關係人款項		58,401	(279,857)
應付薪資及獎金		1,800,981	216,501
應付員工酬勞及董監酬勞		(332,251)	562,019
應付費用及其他流動負債		(2,372,032)	(20,226,384)
淨確定福利負債		(215,014)	(60,461)
營運產生之現金		667,182,815	619,336,831
支付所得稅	❹	(52,044,071)	(45,382,523)
營業活動之淨現金流入	❽	615,138,744	573,954,308

❼這些科目為調節「應計基礎的影響數」

1. **計算完美世界中本業所賺取的現金：**放在表中第一個科目一定是「稅前淨利（表 3-1 ❶）」，其次是不用花錢的費用科目叫「折舊費用」（❷）及「攤銷費用」（❸）。把這三個科目的金額加起來後，我們再去減掉表中倒數第二個科目叫「支付所得稅」（❹），這個科目是指 2020 年台積電實際付出的所得稅。這四個科目金額計算後的結果是 6,247 億（3,898 億＋ 2,814 億＋ 55 億－ 520 億）。在完美的世界裡，6,247 億代表一

個公司從「本業的經營中」賺取的現金。可惜的是，完美的世界是不存在的，不存在的原因是，我們必須要把「非營業活動的損益」，以及「應計基礎的影響數」加以剔除，才能得出真正的營業活動現金流量。

2. **剔除「非營業活動的損益」**：一家公司損益表上的損益不全然是經營本業得來的，像台積電 2019 年將閒餘資金拿去投資債券及定存等，共賺了 161 億，轉投資其他公司賺了 28 億，因為向銀行借款及發行公司債等，也付出了 32 億多的利息，其他如兌換損益等等，這些因為買賣資產或借款所產生及衍生的「現金收支」，都不是因為營業活動所產生的，現流表會將其排除於「營業活動之現金流量」之外，並且依其性質轉列到投資或籌資活動的現流表中。表中所框（❺）部分表示的就是被排除並且轉到投資或籌資活動的現流科目。

3. **調節「應計基礎的影響數」**：一個公司銷貨後，對方不會馬上以現金支付；同樣的情形，公司向供應商採購原材料，也不會馬上付款。這就造成損益表上的獲利數與現金收付數有著時間差。例如台積電 2018 年帳上的「應付帳款」是 330 億，這代表 2018 年底台積電已經採購但尚未付款的金額。2019 年帳上的「應付帳款」388 億，代表當年度尚未付款的金額。這 58 億的差異數（388 － 330），代表從現金觀點，台積電在 2019 年

從應付帳款中摳出了 58 億現金（❻）。我們用同樣的觀點，將大部分的資產及負債年末金額減掉年初金額，可以得出到底多花還是少花多少現金。這叫做調節「應計基礎的影響數」（❼），他的目的就是要把時間差拿掉，最後變成一個純粹的現金流量的觀念，所有公司的現流表都是這樣編製的。

一個專注本業、經營品質良好的公司，通常會有穩定的營業活動現金流。這個數字理論上會很接近「稅前淨利＋折舊＋攤銷－支付所得稅」。以台積電 2019 年為例，這個數字是 6,247 億，和表列的營業活動淨現金流入數 6,151 億（❽），已經相當接近。

但處於成長期的公司會有例外。成長期公司的營收因為成長驚人，應收帳款與存貨金額都會跟著大幅增加。這種公司雖然賺錢，但因為資源被迫壓在應收帳款與存貨上，反映在現流表上，是不會賺到那麼多現金的，但是理論上，會與損益表的數字有個比例關係，比如大概 7 成、8 成或 9 成。

> **投資人 Notes**
> • 不管是哪一種類型的公司，如果其損益表上的損益數與現流表中營業活動的現金流量數相近，或是持續維持約略的比例關係，通常代表這是一家專注本業且管理良好的好公司。

二、投資活動

投資活動大部分是指公司取得或處分「不動產、廠房與設備」、「投資性不動產」、策略性投資，或理財性投資等活動產生的現金進出。要了解投資活動是如何花錢或套取現金，我們可以按照以下的順序來看：

1. **先看取得或處分「不動產、廠房與設備」及「投資性不動產」的金額**：正常公司每年多少都會投資或更新設備，我們從公司投資在這 2 個科目的金額，可以看出公司是否有積極作為。以台積電為例，2019 年因為採購設備付出了 4,600 億的現金（表 3-2 ❶），另外處分一些設備，得款約 2.9 億（❷）。

2. **次看有無併購子公司及取得無形資產金額**：無論是併購子公司還是取得無形資產都是積極作為的表現。以台積電為例，2019 年因為購買技術及電腦軟體共付出了 93 億的現金（❸）。

3. **再看有無取得或處分權益法投資**：權益法投資屬於策略性投資。任何取得或處分權益法投資都是重要的行動。台積電 2019 並沒有取得或處分任何權益法投資。

4. **再看看其他投資有無重大變動**：企業從事理財性投資時，會以「透過損益按公允價值衡量之金融資產」、「透過其他綜合損益按公允價值衡量之金融資產」、

「按攤銷後成本衡量之金融資產」這 3 個科目來進行。
一家公司若閒餘資金比較多，財務長又很敬業的話，往
往會頻繁進出，這 3 個投資科目的取得與處分金額就
會很大，可是彙總進出金額之後，其淨變動金額往往很
小，這就是我們把它排在很後面再看的原因。以台積電

表 3-2　從現金流量表看企業的投資活動—以台積電為例　單位：仟元

會計科目	2019 年度	2018 年度
投資活動之現金流量		
取得透過損益按公允價值衡量之金融資產	(124,748)	(310,478)
取得透過其他綜合損益按公允價值衡量之金融資產	(257,558,240)	(96,412,786)
取得按攤銷後成本衡量之金融資產	(313,958)	(2,294,098)
處分透過損益按公允價值衡量之債務工具價款	2,418,153	487,216
處分透過其他綜合損益按公允價值衡量之金融資產價款	230,444,486	86,639,322
按攤銷後成本衡量之金融資產領回	14,349,190	2,032,442
透過其他綜合損益按公允價值衡量之權益工具投資成本收回	1,107	127,878
除列避險之金融工具	(436,606)	250,538
收取之利息 ❺	16,874,985	14,660,388
收取政府補助款—不動產、廠房及設備	2,565,338	—
收取政府補助款—土地使用權及其他	850,623	—
收取其他股利	320,242	158,358
收取採用權益法投資之股利	1,718,954	3,262,910
取得不動產、廠房及設備 ❶	**(460,422,150)**	**(315,581,881)**
取得無形資產 ❸	**(9,329,869)**	**(7,100,306)**
處分不動產、廠房及設備價款 ❷	**287,318**	**181,450**
處分無形資產價款	—	492
存出保證金增加	(1,465,766)	(2,227,541)
存出保證金減少	1,019,294	1,857,188
投資活動之淨現金流出 ❻	**(458,801,647)**	**(314,268,908)**

❹投資部位淨增加 100 億

為例，2019 年這 6 個科目買賣金額將近 5,000 億，可是買賣淨差異數只有 100 億，代表台積電 2019 年的投資部位淨增加 100 億（❹）。

5. **最後看有沒有從投資上賺到錢**：投資賺錢主要是看有無巨額的利息及股利。通常而言，公司賺得的股利及利息金額都很小，幾乎可以忽略，除非是遇上台積電、鴻海及聯發科這種錢多到會壓死人的龐然大物。台積電 2019 年從理財性投資上賺到 169 億的利息（❺）。

投資人 Notes

- 一個專注本業、經營品質好的公司，其投資活動主要會聚焦在擴廠、購置設備或是從事併購上，所以投資活動的現金流量通常是淨流出的。以台積電為例，2019 年投資活動的現金淨流出是 4,588 億（❻），幾乎相等於當年度取得不動產、廠房及設備的 4,604 億（❶）。

- 如果一家公司因為處分非理財性投資而得到巨額現金，未必是好事。例如統一超持有大陸星巴克的股權，在 2017 年被美國半強迫購回，導致其 2018 年度的投資活動產生巨額現金流入，這其實算是一件倒楣的事。

三、籌資活動

籌資活動主要是和三種人從事資金往來的活動,一是和股東往來,二主要是和銀行及公司債持有者往來,三主要是和屋主或租賃業者往來。前兩種人和公司沒有業務往來,公司和這兩者間的關係是因為向他們伸手借錢的緣故。(從廣義的角度來看,股東也是債權人,雖然沒錢時不用還,可是一旦還起來,一定是利率最高的那一種。)

要了解籌資活動是如何進出現金,我們可以按照以下的順序看:

1. **與股東的往來:**公司與股東的互動關係不外乎,公司有錢時分發股息或買回股票,負債比率太高時向股東伸手要錢。近幾年來因為利率極低,大型公司喜歡舉債多過增資,所以無論中外,大型公司的增資活動都比以往少很多。配發股息是台灣企業近幾年很盛行的活動,歐美企業亦然。以台積電為例,其 2019 年共配發了 2,593 億元的股利(表 3-3 ❶)。但是對歐美企業而言,因為利率極低,他們最盛行的股東活動是買回股份。表 3-4 是我隨意挑選的 4 家歐美大型公司,讀者可以看一下他們在代表性的年度,所發放的股利與所買回的股份金額。恐怖吧!

表 3-3　從現金流量表看企業的籌資活動—以台積電為例　單位：仟元

會計科目		2019 年度	2018 年度
籌資活動之現金流量：			
短期借款增加		31,804,302	23,922,975
償還公司債		(34,900,000)	(58,024,900)
租賃本金償還	❹	(2,930,589)	—
支付利息	❸	(3,597,145)	(3,233,331)
收取存入保證金		62,203	1,668,887
存入保證金返還	❷淨償還之借款金額 31 億	(701,269)	(1,948,106)
支付現金股利	❶	(259,303,805)	(207,443,044)
因受領贈與產生者		4,006	10,141
非控制權益減少		(75,869)	(77,413)
籌資活動之淨現金流出		(269,638,166)	(245,124,791)

表 3-4　4 家歐美大公司的股利及買回股份金額　單位：億美元

公司（年份）	蘋果 (2019)	高通 (2018)	波音 (2018)	殼牌 (2019)
股利金額	141	35	39	152
買回股份金額	669	226	90	102

2. **與貸款人的往來**：沒錢借錢、有錢還錢，是公司與銀行及公司債持有者往來的正常活動，支付利息也是當然之舉。這塊沒有太多問題。在了解時，讀者可以用借入與償還之淨額來解讀相關數字。以台積電為例，2019 年淨償還之借款金額是 31 億（❷），支付的利息金額是 36 億（❸）。近年來由於利率極低，很少人會注意利息的金額。

3. **償還租賃本金：**新會計原則規定租賃資產要資本化，並承認相關負債。在此原則下，付租金這檔子事被改列為籌資活動的現金流出事項，讀者如果不習慣的話，多看幾次也就習慣了。以台積電為例，2019 年付了 29 億的租金（❹）。

 ・一個專注本業、經營品質良好的公司，通常會配發穩定的現金股利。歐美大公司如果股價大跌，股利減少通常是最主要原因，其次才是獲利衰退。

何謂「結構性獲利能力」？

有讀者說她對何謂「結構性獲利能力」一詞不是很清楚，希望我就「結構性獲利能力」做進一步的說明。

結構性獲利能力是指，一個公司的「收入－成本－相關費用及稅捐」後，能為其投入的資源，賺得「**令人滿意的長期利潤率**」。

一個能夠長期穩定獲利的公司，大多擁有短期不易被超越的優勢所在。例如台積電的晶圓代工製程短期內無人能及，這讓它可以開很高的價格；全聯的超市家數已經超過 1,000 家，更把營業利益率壓到 2% 左右的水準，這讓全聯可以用規模經濟壓低採購價格，以及僅賺取 2% 的利潤率，這兩項優勢讓其他業者很難進入，但全聯反而可以靠著規模及低利潤，穩定的「大賺其錢」。這些公司都因為優勢相當明顯，是具有「堅實的結構性獲利能力」的公司。

很不幸的是，大部分公司都很難開創出「堅實的結構性獲利

能力」。雖然打造「堅實的」結構性獲利能力很難，但打造「結構性獲利能力」倒是相對容易。我常聽到人們以毛利率或 EPS，來衡量一家公司是否具有「結構性獲利能力」，但這種評估方法其實有所偏頗。

台灣有兩家聞名全球的企業，一家是名列全球前 10 大 IC 設計公司的聯發科，其毛利率大概 40% 左右，一年大概為股東賺進 230 多億元，是台灣的驕傲之一。另外一家公司是從事電子產品組裝的鴻海，鴻海以毛利率極低而備受批評，2019 年的毛利率連 6% 都不到，但這家公司一年好歹也幫股東賺進 1,300 億元，ROE 也比聯發科高。

這個案例告訴我們，迷信毛利率高的公司或產業，其實犯了下列迷思：首先，毛利率高不代表一定會賺更多的錢。我舉個例子，法國料理的毛利率通常都非常非常高，但是如果你把法國餐廳開在合歡山上，看看會不會賺錢？答案當然是不會！因為**沒有營收的高毛利率是沒有意義的**。

其次，毛利率高的產業，費用率通常也比較高，以便利商店、超市及量販店為例，他們的毛利率及費用率都相差 10 個百分點左右，但最後的淨利率大抵都在 2% ～ 3% 之間。所以看一家公司的結構性獲利能力，一定也要仔細研究其費用率。表 4-1 是分別代表便利商店、超市及量販店的全家、美廉社（三商家購）及美國 Costco 的毛利率及費用結構。

表 4-1　全家、美廉社、美國 Costco 的毛利率及費用率比較

	全家	美廉社	Costco(美國)
毛利率	33%	24%	13%
費用率	31%	22%	10%
營業利益率	3%	2%	3%

註：美廉社為 2018 年資料，餘皆為 2019 年。
資料來源：各公司財報

　　再來，賺錢與否還必須考量所投入的資金。以百貨業龍頭遠東百貨為例，其 2019 年的營業額高達 379 億元，毛利率 52%，營業利益率有 12%，稅後淨利也高達 6%，共為股東賺進 22 億元，比 2018 年成長了 30%。可是經營百貨業需投入的資源相對較高，其 EPS 居然只有 1.26 元，ROE 更只有 5.6%，遠低於鴻海的 9.4%。獲利與投入不成比例的原因是，百貨業間的競爭比電子組裝業還可怕！百貨業的案例也告訴我們，只有**把所投入的資金也都考慮進去，才能算出到底賺不賺錢**。

　　表 4-2 是告訴我們不同的產業有不同的成本及費用率，投入的資源也不同，我們不宜單方面依據毛利率、費用率來判斷企業是否賺錢，是否具備「結構性獲利能力」。

　　最後，賺到的 ROE 還要再考慮值不值得。有些產業天生受到景氣波動的影響較大，例如奢侈品業、海空運輸業。有些產業受到景氣波動的影響較小，例如便利商店、平價餐飲業。受景氣影響大的產業比受景氣影響較小的產業，承受較高的風險，理論

表 4-2　鴻海、遠東百貨、統一超 2019 年度獲利比較

	鴻海	遠東百貨	聯發科
營業收入	53,428 億元	379 億元	2,462 億元
毛利率	5.9%	52%	42%
營業費用率	3.8%	40%	33%
營業淨利率	2.1%	12%	9%
稅後淨利率	2.5%	6%	9%
稅後淨利	1,322 億元	22 億	232 億元
EPS	8.3 元	1.26 元	14.7 元
ROE	9.4%	5.6%	7.9%

資料來源：各公司財報

上要有較高的 ROE，否則這項投資就划不來。不過因為商業競爭激烈，只有追求卓越且紀律極佳的經營者，才會重視 ROE 這個觀念。

總而言之，只要不違反法律以及社會的道德與公益認知，能夠為所投入的資源賺到合理報酬的事業，就是好事業，不同產業有不同的成本與費用模式，**不要太迷信所謂的毛利率**。

既然如此，難道毛利率就不重要嗎？其實毛利率還是很重要的。你會疑惑怎麼又顛倒過來了？這就是我接下來要講的另一個觀念。

這個觀念是毛利率還是很重要的，但什麼時候很重要？就是**比較相同產業公司的獲利能力時很重要**，因為同產業的公司間，

彼此的成本及費用結構差異不大，所以通常誰的毛利率高，誰就更會賺錢，他的結構性獲利能力就越好。表 4-3 是 2019 年電子五哥相關經營數據的比較。

表 4-3　電子五哥 2019 年度經營數據比較
單位：億元

	鴻海	和碩	廣達	仁寶	緯創
營業收入	53,428	13,662	10,296	9,804	8,783
營業成本	50,269	13,212	9,804	9,465	8,361
毛利	3,159 (5.9%)	451 (3.3%)	492 (4.8%)	339 (3.5%)	422 (4.8%)
營業費用	2,010 (3.8%)	282 (2.1%)	302 (2.9%)	233 (2.4%)	289 (3.3%)
營業淨利	1,149 (2.1%)	169 (1.2%)	190 (1.9%)	106 (1.1%)	133 (1.5%)
稅後淨利	1,322 (2.5%)	183 (1.3%)	163 (1.6%)	79 (0.8%)	97 (1.1%)
2019 EPS	8.32 元	7.40 元	4.14 元	1.60 元	2.40 元
2019 ROE	9.4%	12.5%	11.8%	6.6%	9.5%
2019 負債比	58%	66%	77%	70%	76%

資料來源：各公司財報

從表中我們可以發現，鴻海的毛利率最高，稅後淨利率也最高，加上營收驚人，它所賺到的錢是其他四哥合計數的 2.5 倍。

但是細心的讀者可能會發現，鴻海的獲利金額及 EPS 雖然都是五哥中最高的，可是 ROE 卻是倒數第二，實在不怎麼樣。

這代表鴻海為股東投入資源所賺得的回報率，在電子五哥中並不算出眾。

鴻海 ROE 較低的原因是因為他的負債比率是五哥中最低的，如果鴻海透過分發一次性巨額股利、減資或買回庫藏股方式，降低其股東權益、提高負債比率到 70% 的話，其 ROE 會在 13% 以上。但這裡會引發另一個問題：到底是鴻海的負債比率偏低？還是其他五哥的負債比率偏高？讀者您認為呢？

因為負債比率低導致 ROE 偏低最嚴重的公司，其實是台灣之光之一的聯發科。聯發科帳上扣除銀行借款之後的現金及投資至少有 2,000 億元，從財報上可以看出聯發科財務長理財有成，為公司賺了不少錢，但再高的收益率也不可能高於本業，太高的現金及股東權益，導致高獲利的聯發科 ROE 居然只有 7.9%，遠低於高通（Qualcomm）、瑞昱及聯詠（請參閱第 2 章 IC 設計業財報）。其實除非為了以現金從事大型併購，否則最好將多餘的現金還給股東。

總之，**我們必須評估營收、毛利率、費用率、負債比率及 ROE 後，才能斷定一家公司是否具有「結構性獲利能力」。**不管是要了解公司獲利不佳的原因，還是要改善一家公司的獲利能力，都可以從這些數據中找到初步答案。

投資人 Notes

- 結構性獲利能力是指公司的「收入－成本－相關費用及稅捐」後，能為其投入的資源，賺得「令人滿意的長期利潤率」。

- 一家公司是否具有「結構性獲利能力」，須綜觀其營收、毛利率、費用率、負債比率及 ROE 表現，才能評斷。

- 不同產業有不同的成本與費用模式，不宜直接比較其毛利率；但在相同產業中，毛利率則是重要的比較指標。

9

- 如何從財務報告看經營者的經
  營品質?
- 如何解讀「無形資產」的意義?
- 為什麼負債比超過 7 成,還能活
  得很好?
- 為什麼財務報表反映不出公司的
  真實價值?

讀財報・
看門道

如何從財務報告
看經營者的經營品質？

這真是一個大哉問！因為要解構這個問題之前，我們要先定義什麼是「經營品質」？

我認為良好的經營品質是指，經營者為其企業制定宏觀與適宜的「使命」及願景，依據使命及願景規劃正確的經營策略，然後非常有紀律的依照這個策略，去指揮、管理及監督公司的運作。

在這個過程中，「使命」以及「紀律」是最重要的。所謂使命是指一家公司存在的目的以及價值。例如資誠（PwC）的「使命」是「營造社會誠信、解決（產業及企業）重要問題」，會定下這個「使命」是因為，會計師存在的價值，是透過財報簽證讓投資人安心；如果一家會計師事務所的簽證不能讓投資人、政府及委託公司放心，不能營造信任的感覺，那麼這家事務所就不配存活下去。另一方面，會計師這個行業因為工作性質會累積無數的產業、會計、稅務、內控、法律、電腦、併購、文化以及跨國經營的知識，這些知識可以提供給政府參考，並且可以為客戶解

決很多營運上的問題。所以資誠一直以來就以「營造社會誠信、解決重要問題」為公司存在的價值所在，並且據此規範自己的行為守則以及業務範圍。

好的使命、願景以及策略必須要被嚴格落實。「紀律」是確保使命、願景及策略被落實的必要條件，也是「經營品質」的表徵。一個具有「紀律素養」的經營者，其公司財報的相關數字會表現出以下的「紀律性」：

判斷 1：沒有太多閒置的資金或低度利用的資產

華人普遍都有儲蓄的習慣，你問他為什麼要儲蓄，他不一定可以說出個所以然來，但他就是會不斷的存錢。這個習慣不只出現在個人及家庭裡，甚至公司也一樣。我曾經有一個客戶，因為公司錢太多又不想分配給股東，於是在林森北路附近買了一堆套房，然後租出去賺取 2% 不到的投報率。

其實這種現象說好聽叫做「具有危機意識」，當公司突然面對黑天鵝事件例如新冠肺炎疫情時，才會有足夠的資源去對應，甚至趁勢併購同業。不好聽的話則是，人都會有怠惰之心，特別當公司已經賺了很多錢，就會希望公司保有足夠多的錢，有了夠多的錢，走路有風，即使經營不佳，也不會有財務危機，不會發不出股利，卸任時還可以高聲的說，我交出去的是一家健全的公司。這些理由多好！唯一不好的是，這違背了公司是營利事業，

存在的主要目的之一是盡可能為股東賺取及分配最多的股利。

公司保有太多的資金，或低度利用資產的現象，在大股東主導的企業特別明顯，在歐美由 CEO 主導的上市公司，則明顯少很多。為什麼？因為歐美公司 CEO 的報酬，很大的一部分是依據獲利表現及股票漲幅來決定。這些 CEO 為了自身利益，會將過剩的資金及資產拿去發股利，或買回自家公司的股票，以降低發行的股數及股東權益，去提升 EPS 及 ROE。在亞洲，很多大股東不太缺錢，個人報酬也大多與公司 EPS 及股價無明顯關係，為了讓自己經營時輕鬆一點，就會比較容忍閒置資金及資產的情形。

一個「經營品質」好的經營者，不只是對別人狠，對自己也一樣狠，不只是公司草創時很狠，即便已經經營有成了，依然對自己夠狠！永遠不讓自己有放鬆或休息的機會。

不保留過剩資金，不是指公司不可擁有太多資金。當公司有投資（例如晶圓代工業）、併購（例如國巨）、研發（例如新藥研發業），甚至因應產業劇烈波動（例如 DRAM 及面板業）需要時，必須儲備足夠的資金。經營者必須要捫心思考公司的需要，再檢視公司是否資源過剩。

判斷 2：大部分資產均為營運所需的資產

企業的資產項目中，經營最重要的科目有四個。第一個是**不**

動產、廠房及設備，有這些財產才能生產或做生意；第二是**存貨**，有適當的原材料、製成品或商品庫存，才能確保生產不中輟，即時應付客戶的訂單。第三是**應收帳款**，代表銷貨後客戶還未給付的貨款，這是必要之惡；最後是**現金**，有足夠的現金才能支應營運所需；不動產、廠房及設備（含使用權資產）、存貨、應收帳款和現金，代表大部分公司完整的獲利循環。此外，**長、短期投資內容**，如果符合企業的經營策略，也算是必要的資產。

企業的資產配置如果大部分是這些資產，而且這些資產中，現金沒有過剩、應收帳款（含合約資產）及存貨的帳齡合理、生財資產沒有閒置、長、短期投資都符合公司的投資策略與紀律，就表示這家公司的資源配置是合理的、健康的。

反之，如果公司的資產中有過多與經營業務沒有多大關係，別的同業沒有但你有的資產，例如其他應收款、預付款項、投資性不動產、閒置資產等，通常代表公司的策略與紀律性出了問題，需要盡速改善。

判斷 3：投資及經營的業務很聚焦

一個穩健經營的公司大多會專注在本業上。如果有閒餘的資金，應該放在能產生穩定利息或股利為主的定存、債券及「牛皮股」上，不會去從事炒作股票等投機行為。如果要從事長期投資，最好投資與公司業務相關連的事業，且除非要轉型或跨入新

領域，否則不宜投資與公司核心業務無關的事業。

　　一個不聚焦的公司，其財報上常會出現資金被拿去炒作股票，或是投資在與核心業務無關事業的現象。你如果問經營者投資的理由，大概不脫是前人投的、不投可惜、分散風險、轉型、多角化經營、甚至被人逼迫不得不投等等理由。

　　很多公司剛開始經營時，都會很認真經營本業，但時間一長，公司經營如果很成功，負責人往往會成天被人追捧，很多投資案就會找上門來。我以前一些客戶就常面臨這種狀況，一天到晚有人找他，說「我這個案子很好，你要不要來投資？」如果這個老闆覺得這個投資案也不錯、那個也不錯，就會開始用公司的錢去投資一些奇奇怪怪的項目。

　　如果你是以個人名義，自己成立一家投資公司去進行這些投資，那麼這是 OK 的。但如果一家做電子零組件的公司去投資餐廳或旅館業，這就亂了調了。

　　亂掉以後會有什麼結果？結果就是這個公司的總經理權責搞不清楚了！你到底要總經理對這家公司的整體經營狀況負責，還是要他只負責他實際管理且有能力管理的部分？通常一般人認為只要負責他實際管理的那一部分就好，但是投資人根本搞不清楚箇中細節。

　　一個卓越有成的公司，通常只專注在其核心業務或能力上。

這一點我們往往可以**透過財報附註來看公司的投資是否聚焦**。例如和泰汽車所經營及投資的對象，大多都是與汽車有關的銷售、車貸分期或租賃、以及汽車保險；台達電這幾年的併購案大多與電能及節電產品有關；台積電則是專心在台灣蓋一座又一座晶圓廠。細看一個經營品質好的公司，就是發揮強項，並不斷複製這樣的模式而成長。

美國 GE（奇異）集團過去從事的產業包括電器、醫療、航空、發電、水處理、火車、石油及金融等，是美國甚至全球著名的公司。但因為經營的業務太廣，沒有聚焦，近年來舉步維艱，近 3 年來一直在出脫非核心事業，力圖重新聚焦業務。業務太複雜的公司，其財報會非常不透明，讓人難以理解。GE 的財報就很難讓人看懂。

判斷 4：適當的流動比率及負債比率

除非是特殊產業或極具結構性獲利能力的公司，**一般公司宜維持 120% 以上的流動比率，65% 以下（高科技業最好是 50% 以下）的負債比率，才算健康。**當相關數據偏離標準太遠時，除非有特殊理由，否則都不是好現象。記住！不管太高太低都不是好現象！

我舉一些有趣的現象。近年來歐美國家因為利率很低，許多知名企業紛紛利用低利率時機，借錢去買回自家股票以提高 EPS

及 ROE，這現象當然讓他們的負債比率比以往高了不少。例如波音因為不斷的借錢買回股票，2018 年底的負債比已經攀升到 99.7%（2019 年已經出事，就不拿出來當案例了）；高通 2019 年的負債比也高達 85%。由於產業界舉債普遍比較高，這次新冠肺炎疫情造成很大的衝擊，如果不是美國政府無限量的灑錢政策，一定會在第一時間爆發流動性危機。

反觀台灣，這幾年因為投資機會比較少，加上對前景的不確定性，一些知名企業的負債比率居然下降了！例如鴻海 2019 年底的負債比率居然掉到 58%，聯發科同期也只有 32%。我們沒有發生流動性危機，但是我們的問題是**沒有充分利用股東資源**。

關於特殊產業或極具結構性獲利能力公司的流動比率及負債比率問題，請參閱本章 Q7「為什麼負債比超過 7 成，還活得很好？」的解答。

判斷 5：成長力度比同業強

許多產業會因景氣變化而產生高低潮，有時高有時低。一個經營品質良好的公司，在景氣好時，營收成長率比別人高；景氣不好時，營收成長率還是比別人高，或是衰退率比別人低，那麼就能顯示這家公司的經營品質是好的。

對於營收的成長，我建議投資人在**看特定公司的營收時，最好連看 3 年以上，且每一年都與同業來比較**，從長期來看一家

公司營收的變化，以免被短期現象所誤導。

判斷 6：成本及費用的成長率低於營收的成長率

一家公司的成本主要可分為固定成本及變動成本兩大類。固定成本是指這項成本一經決定後，短期不會減少或增加的成本，例如設備的折舊、店面的店租、甚至是人員的基本薪水，這一類成本短期內不會因為業務量的增加而增加。變動成本是指會隨著業務量的成長而增加的成本，例如原材料或商品成本、水電費、通訊費等。

由於固定成本在一定範圍內不會隨著營收的增加而增加，所以經營品質好的公司，通常能夠因為營收成長而伴隨成本率及費用率的下降。那如果營收不成長呢？由於通膨的關係，營收不成長的公司，會很難維持其成本率及費用率不上揚！這時就更要看經營者的紀律性，也就是夠不夠果決了。

判斷 7：維持或是提升 ROE

對於股票價格，投資人通常主要看 EPS，但 EPS 高的公司就是好公司嗎？

我先舉一個例子。20 幾年前，台灣的股市很好，我有個客戶當時辦理增資，增資的股價 1 股 95 元左右。然後我發現一個有趣的事情，因為當時定存大概有 4%，所以他只要把這 1 股 95

元增資的錢拿去放定存，1 股就會賺將近 3 元（稅後），因為原來的股本很小，增資後公司的 EPS 顯著提升，讓投資人誤以為經營績效很好。請問，這真的是他經營企業很厲害？還是因為股東給他太多錢所造成的？

除了這個例子，還有一種情形是很多公司過去賺了很多錢，但是沒有全部發給股東，而是把錢放在定存去生點利息，或是放在一些投資（如買債券）之類的，只要這些投資有賺到錢，EPS 就高，投資人就會認為經營者很棒，但明明是沒有把錢做充分利用，卻被說經營良好，這都是笑話。

所以我們要衡量一個公司股價的合理性，EPS 是非常關鍵的依據之一，但是要評估一家公司的經營品質，ROE 才是重點，也就是說這個公司的經營者在適當的負債比率之下，能夠創造比同業高的 ROE，才是好的。

而且 **ROE 對於 EPS 會有「乘數效果」**。以台積電為例，台積電的股本是 2,593 億，保留盈餘跟資本公積大概是 1.4 兆多，合起來股東權益有 1.6 兆多。也就是說，股東實際上是拿 1.6 兆多給台積電的經營團隊去賺錢，而不是用 2,593 億的股本去賺錢。這相當於股東 1 股給台積電 60 元去使用，不是 10 元。所以如果台積電的 ROE 能提高 1%，它的 EPS 會立刻提高 6%。

以 2019 年為例，台積電的 ROE 是 21%，如果不是賺 21%，而是賺 25% 的話，EPS 會變多少？因為有放大效果，

（25% － 21%）×10 元 ×6 ＝ 2.4 元，EPS 就會從原有的 13.32 元，大幅提高到 15.72 元，放大效果就出來了。

如果按照這個角度來看聯發科，聯發科 2019 年 EPS 雖然有 13 塊多，遠高於瑞昱及聯詠，但是因為錢太多，導致 ROE 只有 7.9%，遠低於瑞昱及聯詠。其實聯發科要改善績效並不難，只要趕緊把錢還給股東，ROE 甚至 EPS 都會快速提升。

 • 經營品質良好的公司通常會擁有清楚的使命、願景、策略及紀律。反映在財報上的是：

1. 沒有太多閒置的資金或低度利用的資產

2. 大部分資產均為營運所需的資產

3. 投資及經營的業務很聚焦

4. 適當的流動比率及負債比率

5. 成長力度比同業強

6. 成本及費用的成長率低於營收的成長率

7. 維持或是提升 ROE

如何解讀「無形資產」的意義？

　　有投資人問我，有些公司的無形資產頗大，如何解讀無形資產對公司的意義？我的回答是，目前的會計原則對公司創造無形資產的支出，大多會列為「營業費用」，所以一般公司很難在財報上創造出無形資產。一個帳上有巨額無形資產的公司，絕大部分都是公司向外界購買而來的。我們可以從特定公司財報上**無形資產的種類及金額**，看出公司的成長策略或是成長限制。

　　財報上的無形資產主要可以分成 3 類：

1. 因業務需要買進

　　這一大類資產通常與技術有關，例如企業引進特定的作業系統，如 SAP、Oracle、鼎新等系統。又或者去跟人家買專利、技術或資料，例如還沒有崩潰之前的 DRAM 業者一直在向歐、美、韓、日 DRAM 大廠購買專利和生產技術；一些新藥研發業者會買入特定新藥的研發資料（新藥的研發成果主要以資料的方

式呈現）。

如果一家公司花很多錢去買軟體系統，通常代表這家公司勇於創新及突破。例如大聯大一直花錢在電腦軟體上，代表其比同業更專注在客戶服務、倉儲與內部管理；南山人壽為其「境界成就」計畫花費超過 100 億元，表示其勇於接受及投資數位創新。

如果一個公司花很少錢在研發上，卻花很多錢去買專利或專門技術，可能代表這家公司技術無法自足，例如倒閉前的 DRAM 廠茂德，每年花很多錢去購買專利與技術，而自身的研發費用卻少得可憐。

如果一家公司花在研發上的錢，遠高於向外購買專利或專門技術的錢，通常代表這家公司技術不錯，而且這個公司的成長策略主要是採**內生性成長模式**（organic growth）。以台積電為例，其 2019 年的無形資產僅有約 200 億元，這金額對台積電而言實在是九牛一毛，而且這金額大部分和技術與專利相關。所以

表 6-1　台積電 2019 年研發支出及主要無形資產

單位：億元

研發費用	914
商譽	57
技術權利金	60
電腦軟體設計費	65
專利權及其他	24

台積電是典型的內生性成長公司。

2. 因併購而產生

採內生性成長模式的公司，帳上的無形資產通常有限。但是一家公司如果是採用併購成長模式，也就是**外生性成長模式**（inorganic growth）時，帳上的無形資產通常非常巨大。

併購另一家公司可能產生的無形資產，包括商譽、客戶關係、專利、專門技術、商標權、電腦軟體等。例如台積電 2020 年中的市值約 8 兆，想要買下台積電至少需要 8 兆，8 兆買到台積電的全部有形資產淨值（有形資產－負債）約是 1.6 兆，剩下的 6.4 兆就是無形資產的價值，對於無形資產，專家們可能鑑定認為台積電的專利及獨特技術值 2.4 兆，客戶關係值 1 兆，最後找不出原因的 3 兆，就是商譽。

表 6-2 是台灣 4 家併購能力很強的標竿企業，其 2019 年帳列之主要無形資產及金額。

表 6-2　國巨、台達電、聯發科、大聯大的無形資產價值 　單位：億元

	國巨	台達電	聯發科	大聯大
商譽	214	565	655	55
客戶關係	9	112	24	0
專利、專門技術及其他	36	147	50	0
無形資產占總資產比率	27%	27%	15%	2%

當一家公司財報上有很大的無形資產，特別是商譽時，代表這家公司的成長策略，主要是透過併購來加速成長。

透過大型併購來加速成長，不是大好就是大壞。以明碁為例，其在 2005 年併購西門子手機部門，讓其跌了一大跤。比如台達電曾經併購挪威的一家上市公司，透過這次併購取得很多訂單；後來又併購泰達電，透過訂單的分配，可以解決中美貿易戰所產生的供應鏈及客戶要求問題。

我的經驗告訴我，台灣人從事併購，就大方向來講，併購東南亞國家通常比較容易成功；如果併購歐美或日本公司，失敗風險會比較高。

為什麼併購歐美企業的風險較大？主要有 3 個問題。

第一，心理問題：歐美或日本人普遍認為自己的國家屬於先進國家，甚至是殖民時期的殖民者，他們的公司因為商業利益，被以前是殖民地或較低文明國家的公司併購，對他們來說是一件「沉淪」的事，若沒有相應的措施，很多員工可能會因民族自尊心而陸續離開，以致併購案到最後只買到一個空殼。

第二，文化及公司管理問題。歐美公司的管理比較講求直接、績效、制度與法遵，但是台灣的公司管理比較偏向於間接、情面、和諧及彈性。這種差異往往會讓被併購公司員工不知如何工作，甚至爆發衝突。我曾經有過 3 個客戶因為解僱當地的總經

理而被法院判決巨額賠償。其中有兩個案件是公司主張總經理績效不好而予以解僱，可是人家提給法院的證據顯示台灣母公司直到解僱前一個月的電郵，還一直說他做的某些工作很好（well done、good job、excellent），另一個案子是主張黃種人岐視他這個白種人，這居然也成了！

第三，容易買貴：台灣人做事非常講求速度與彈性，這些做法能讓成本大幅下降，併購時往往認為這些被併購的公司很笨，只要我進去了就可以按照在台灣或是在中國的方法，讓成本快速降低。事實上，歐美日公司很多的成本是文化成本或遵循法律規範所產生的成本，往往不是我們一廂情願的說該改就可以改、該砍就可以砍的。台灣人常常漏算這一塊成本，再加上併購歐美日的公司是一件「長面子」的事，導致以「高價買入」。

以上 3 種原因，是台灣企業併購歐美或日本企業，失敗機率很高的原因。

3. 特許權

第三大類無形資產就是特許權（Franchise Right），比如統一超帳上無形資產中有約 70 億元的營運授權合約，據悉主要是星巴克在台灣的特許經營權。比如各家電信業者在 2019 年狂標 5G 執照，就是為了取得政府的 5G 頻寬授權。

如果企業的無形資產主要是品牌經營特許權，代表這個品牌已經有知名度，那麼進入新市場的成功機率會比較高；缺點是：除了被授權的區域外，未經授權的區域不得經營，而限制了成長的力度，例如統一超經營 7-11 有成，但由於授權區域限制在台灣、菲律賓及大陸少數省份，導致成長不易。

　　用品牌特許權去經營的另一個缺點是，**特許權有被收回的風險**。比如國內常有一些車子或是名貴珠寶首飾品牌，常發生經營者在經營一段時間後，被撤銷特許權換成其他經銷商，或是原廠自己來台經營的情況，所以遇到擁有品牌特許權的公司，投資人就要特別當心。

　　但也有很多已經成氣候的公司，例如統一超，美國 7-11 公司敢不敢取消統一超經營 7-11 的特許權？幾乎不敢！原因是所有供應鏈與門市都是由台灣統一超掌控的，如果被取消品牌授權，台灣統一超商只要全部換上新招牌就可以繼續經營，而品牌業者反而要重新起步，划不來，所以 7-11 的特許權幾乎是跑不掉的。但如果企業的無形資產是政府發給的特許權，往往數年後又要重新競價，要是標不到就無法經營，相對來說，經營風險就比較大。

　　表 6-3 是 2019 年 5 大電信業者帳列的 4G 特許權尚未攤銷完畢之金額。4G 在 2014 年開台，執照年限是 17 年，所以這些特許權要攤到 2031 年才會攤完。可是 5G 已經在 2020 年陸續開

始商轉，如果 3 年後大家都改用 5G 手機了，那這麼大的 4G 無形資產該怎麼處理？讀者不妨思考看看。

表 6-3　截至 2019 年底台灣 5 大電信業者 4G 特許權攤銷狀況

單位：億元

	中華	台灣大	遠傳	台灣之星	亞太
尚未攤完之 4G 特許權	457	307	359	133	104
5G 得標價	463	307	410	197	4

投資人 Notes

- 從無形資產的內容可以看出企業的成長策略是內生性或外生性模式。

- 若資產負債表上的「商譽」金額很高，代表該公司主要透過併購來成長。

- 無形資產的主要內容如果是「特許權」，就必須留意特許權的期限，以及屆時可否繼續維持。

為什麼負債比超過 7 成，還能活得很好？

　　一個正常產業的公司，其負債比率不宜超過 7 成，甚至不宜超過 6 成 5，才是處於比較安全的範圍內。

　　這個標準是針對一般傳統的製造或買賣產業而言，但是對於一些特殊產業或是具有特異功能的公司，會因為業務性質而承受比較高的負債比率。以下是這些特殊的產業或公司：

1. 金融業與準金融業

　　金融產業中的銀行、壽險及金控公司，幾乎每家的負債比率都超過 9 成。這是因為銀行及壽險公司是靠吸收存款或保費去生利息或投資賺錢的，也就是說他們的商業模式是「以錢賺錢」。這些銀行和壽險公司的負債比率如果不超過 9 成，代表不會用錢來賺錢，那還開什麼銀行和壽險公司！至於金控公司則是因為合併報表中會包含銀行及壽險公司，導致負債比率超過 9 成。

　　那麼要看什麼？對銀行主管機關的角度，主要是看資本適足

率，資本適足率的公式很複雜，我們就不介紹了。通常而言，對於資本適足率太低的銀行，主管機關會要求增資或改善。而對於壽險業，主管機關規定，股東權益不得低於 3%，否則就應增資或改善。**對於負債太多的銀行和壽險公司，媒體都會報導。**

另一種叫做「準金融業」，也就是說其被視同為以錢賺錢的行業。準金融業可分為三種：**第一種是證券業及票券業**。他們雖然不能吸收存款及保險金，但同樣是以錢賺錢的行業，證券業以元大證券為例，其負債比大多在 8 成多。票券業以國票為例，其負債比接近 9 成。

第二種是租賃業，它的業務就是去向銀行及票券公司借錢，然後再轉借給要買或租設備的人，這當然也是以錢賺錢的行業。以從事汽車租賃的和潤汽車 2019 年財報為例，其負債比率達到 83%。這也是為什麼和泰汽車的負債比率較高的原因。

第三種是電子零件通路業，把這個產業列為準金融業其實有點委屈他們。電子零件通路業是把 IC 零件等賣給電子五哥等大廠，為了行銷，它需要很好的電子專業能力與存貨管理能力，是一個技術含量很高的產業。但是因為受到上游 IC 設計業及下游電子五哥等大廠的擠壓，不單要為組裝大廠備庫存、忍受較長的應收帳款帳齡，更令人不忍的是，毛利率大多只有個位數。

以全球最大電子通路商大聯大為例，其 2019 年的應收帳款及存貨分別占總資產的 49% 及 29%，毛利率只有 4%。其他同

業，如文曄，狀況也差不多，毛利率只有 3%。為了要生存及獲利，這個行業的公司只好拚命衝高營業額，並且向銀行大舉借錢，以支持他們積壓在應收帳款及存貨上的資金需求。這個行業用向銀行借 2% 年利率的錢，去賺 3% 或 4% 的銷貨毛利率，這不是準金融業是什麼？所以我認為電子通路業屬於準金融業。以大聯大 2019 年為例，它雖然已經把很多應收帳款賣給銀行了，但負債比率依然達到 72%。其他同業的負債比也大多相同，甚至更高。

電子零件通路業的非流動資產（例如不動產、廠房及設備）一般都很少。流動資產中，應收帳款及存貨資產占總資產的比重非常高。評估其經營品質的重點，首先是看客戶的品質，例如大聯大及文曄的客戶大多是電子組裝大廠，應收帳款品質優良，存貨帳齡也只有 50 天左右，由此可以看出他們的經營力度都很強。加上流動比率都在 120% 以上，是支撐其高負債比的關鍵。電子零件通路業的經營風險，其實比一般想像的低很多。

2. 先收後付且產業穩定的產業

第二種可以容許負債比率較高的行業，通常有兩個特質，第一是這個行業是屬於「先收後付」的行業，最典型的就是統一超、全家，還有全聯等流通業。

比如統一超，你去買個便當，會跟他說 2 個月後再付款嗎？

不可能，你一定是付現金的。這些公司銷售時收現金，但是通常是進貨後 1 ～ 2 個月後才付錢給供應商。還有，很多公司都委託他們代收價款，比如代收電影票、火車票、遊戲卡等各式各樣的價款。他們都是先收錢，2、3 個月以後再付錢。以 2019 年為例，統一超帳上有 110 多億的代收款，這金額幾乎等同一家小型信合社吸收的存款。信合社吸收存款要給存款人利息，統一超要給委託人利息嗎？不但不用給，而且還收手續費！

第二個特質是這個行業的穩定性太高！高到什麼程度？你想想看，新冠肺炎疫情爆發後，大家不敢去餐廳，但是會不去便利商店嗎？所以說它的營業模式超級穩定。

具備這兩種特質的公司，其負債比率可以容許很高。例如全家 2019 年的負債比率是 89%。你如果認為全家 89% 的負債比率實在很高的話，告訴你一個事實，全家 2019 年個體報表的負債總額達到 474 億元，可是這麼高的負債中，只有 7 億元是向銀行借的。

另一方面，在我會計師的生涯中，看過數個認為自己的行業屬於先收後付型，為了績效而大舉擴張信用的公司，在碰到突發事故時，因為無力支撐而倒閉的案例。2020 年新冠肺炎疫情，對於先收後付的餐飲業及旅遊業造成很大的衝擊，可是這已經不是這兩個行業第一次碰到突發事故了！

所以投資人要謹記，一定要先收後付且產業穩定，兩者都具備時，才可以容許其擁有較高的負債比率。

3. 流動比率高且經營相對穩定的公司

　　第三種特質就是「流動比率高且經營相對穩定的公司」，特別是**應收帳款品質好的公司**。以電子五哥為例，它最小的一家營收都超過 9 千億元，最高的則超過 5 兆元。電子五哥處於產業鏈最下游，讓其產品的價格非常高，這也導致帳上的應收帳款及存貨金額占總資產的比重遠高於其他產業。

　　以和碩為例，其 2019 年帳上的應收帳款及存貨金額高達總資產的 55%。應收帳款及存貨很快就會變現金，**在變成現金前，最好的方式是跟銀行借錢來週轉**，而不是用股東的錢來週轉，以免降低 EPS 及 ROE。

　　特別是五哥的大部分客戶都是國際知名企業，這些帳款都是品質特優的應收帳款，五哥隨時可以拿這些應收帳款向銀行借到錢，不信你可以去問銀行，今天鴻海如果說有 3 千億的蘋果應收帳款，要賣給銀行或向銀行辦理抵押借款，台灣大部分銀行應該都會跑去說願意買下來或辦理抵押貸款。

　　因為融資存貨及應收帳款的需要，導致五哥的負債比率偏高；因為應收帳款及存貨金額高，讓電子五哥的流動比率也很

高；高流動比率足以抵銷負債比率偏高的負面觀感。

另一方面，電子五哥從事的是代工業，不是品牌業，不用負擔產品賣不掉的風險，加上規模龐大，產業中的氣勢已成，營業上相對穩定很多。

表 7-1　電子五哥 2019 年負債比與流動比狀況

2019	鴻海	和碩	廣達	仁寶	緯創
負債比率	58%	66%	77%	70%	76%
流動比率	155%	138%	125%	134%	117%

4. 為國、為銀行及為自己的「偽」高負債公司

台灣有些公司的負債比率高，是「虛」的高，不是真的高。例如 IC 設計業的負債比率通常都很低，但是知名大廠瑞昱 2019 年的負債比率竟然達到 63%，這些負債中，確實有很多錢是向銀行借來的。但瑞昱的高負債比率其實是個笑話，因為它帳上的現金及短期投資，也高達資產的 62%，瑞昱如果把這些錢都拿去還債的話，它的負債比率應該會接近零。但瑞昱為什麼要維持高負債比？原來跟中央銀行的政策有關。

台灣由於長期出超，央行為了避免台幣升值，把利率訂得很低很低，低到我們把錢存在銀行裡幾乎沒有利息可言。另一方面，低利率讓企業向銀行借錢的利息也很低，差不多 1% 最

多 2% 多。可是如果企業把這些錢拿去買美國的債券或特別股的話，可以賺到 3% ～ 8% 的利息報酬。為了賺取利差，許多做外銷的公司就會向銀行借進低利率的台幣，來買材料、付薪水等。當他們收到美金貨款後，會保留這些美金，並且用這些美金去投資海外高利率的債券或特別股。

這樣做有 3 個好處。首先，不將美金換成台幣，可以舒緩台幣升值的壓力，我認為央行應該頒「功在央行」獎給這些公司。其次，舉借台幣的動作，消化了銀行很多爛頭寸，還付利息給銀行賺錢，我認為銀行應該頒「惠我良多」獎給這些公司。最後，這些利差會提高公司的 EPS，股東們應該頒「盡忠職守」獎給這些公司的財務長！

近年來台灣為國、為銀行及為自己，從事這項偉大理財行為的公司其實還真不少。例如台積電、鴻海、廣達及和碩等，多少都有進行這項操作的痕跡。

所以以後當我們看到特定公司的負債比率高時，可不要立刻就下出負面的評論。

5. 藝高人膽大的公司

近幾年來，有些美國媒體報導過中國陸企負債比偏高的現象，但這些報導基本上是所謂「龜笑鱉嘸尾」。我舉幾個例子給大家看。

表 7-2 波音公司的負債結構

單位：億美元

	2019 年	2018 年	2017 年
購回股票金額	27	90	92
淨利	(6.4)	105	85
股東權益	(83)	4	17
負債比率	106.2%	99.7%	98.5%

資料來源：波音公司 2019 年報

　　2020 年 5 月，一些理財專員找我說，美國波音公司剛發行了 250 億美金，票面利率高達 5% 多的公司債，問我要不要投資？雖然遇到新冠肺炎事件導致波音業績下跌，但民航客機業務只占波音不到 4 成的業務，波音的財務狀況應該不會這麼糟吧？於是我就上網去看波音的財報資料（見表 7-2）。

　　不看不知道，看了嚇一跳！簡單說，波音認為自己是全球唯二之一的世界級民航機製造商，也是美國空軍主要的戰機製造商，擁有「堅實的結構性獲利能力」。另一方面，為了提高 EPS，這家公司過去 5 年不但支付股東優厚的股息，更以平均高於每年獲利數的金額購回股票，以便透過股本及股東權益的減少，提高 EPS 及 ROE。到了 2018 年，波音的股東權益只剩 4 億美元，負債比率高達 99.7%。

　　但是夜路走多了，終於遇到鬼。首先，2019 年波音因為 737 飛安問題而大虧，當年度股東權益變成負 83 億元（當年還提高

股利！），負債比率竄升到 106%。接著 2020 年的新冠肺炎事件終於讓它無法支撐，美國政府差點就要接管它了。這時「堅實的結構性獲利能力」讓它成功籌得 250 億美元資金，雖然利率極高，但終究逃過被美國政府接管的下場。這真是神了！

事實上，因為利率極低，加上想要衝高 EPS，近年美國很多大型公司，如蘋果、高通等，都靠著舉債從市場上購回大量股份，導致負債比率飆升，這些公司大多就是憑著擁有「堅實的結構性獲利能力」才能穩如泰山。

> **投資人 Notes**
> ・投資時，一定要注意負債比率偏高公司的穩定性。原則上除了金融業、準金融業、電子零件通路業、販售民生必需品的實體通路業、從事套利的偽高負債公司以及電子組裝業，可以容許較高的負債比率以外，其他公司，除非你確知其具有「堅實的結構性獲利能力」，否則還是保守一點比較好！

Q8 為什麼財務報表反映不出公司的真實價值？

為什麼財務報表反映不出公司的真實價值？我問讀者他為什麼會問這個問題，他說他在看兩家同產業的公司，他們的營收相當，獲利相當，但是一家公司因為曾經併購過其他公司，帳上有很大的無形資產，另一家公司未曾併購過其他公司，帳上沒有那麼多的無形資產。當他在談買公司（借殼上市）時，無形資產比較多的公司主張公司資產較多，報價明顯高過無形資產比較少的公司很多。所以他的問題其實是在問，為何規模差不多的公司，會因為有無併購，導致帳上的資產總額有那麼大的差異？然後開始懷疑會計！

這是一個好問題，為了回答這個問題，我就以台積電為例，來講講會計這門學問的問題所在，以及懂得這個問題的人怎麼善用它。

我舉個例子，台積電是一家很注重研發、技術、文化及制度的公司。不僅如此，其領導人的視野、策略及經營聚焦力均優於

同業，這些成就讓台積電近年來囊括了全球矽晶圓代工大部分的利潤。

另一方面，會計是一種將組織營運結果「數量化」的學問，只要不能「量化」的營運成果，通常會視為沒有後續的價值，而將其視為費用處理。例如台積電 1 年花了將近千億元在推動製程改善、專利申請、法律保障、人員訓練、文化及制度的維持等。這些支出當下因為無法衡量對未來的貢獻金額，所以一經發生就會被列為營業費用，從而減少當年度的營業利益。

會計原則無法如實呈現企業無形價值

這種會計原則常常被批評，特別是常被新藥研發公司批評。因為新藥會不會成功沒人知道，所以每年新藥相關的研發支出大多會被視為費用，讓新藥研發公司每年「嚴重虧損」。

換句話說，目前的會計原則無法將公司營運過程所創造出來的「無形價值」，在財報上表現出來。

但是這些無形價值卻會在公司併購的過程中「被生出來」。 本書撰寫的時候，台積電的市值大概是 8 兆，如果 Intel 用 8 兆併購了台積電，那 Intel 的合併報表如何顯示台積電的價值？首先 Intel 用 8 兆買下台積電，但台積電帳上的資產才 2.2 兆，扣掉 6,000 億的負債後，帳上的股東權益只有 1.6 兆，中間的落差是 6.4 兆，這 6.4 兆就是之前一直被會計忽略的無形資產。這些

無形資產主要會以**專利、專門技術、商譽**等項目在 Intel 的報表上顯示出來。那麼台積電未曾出現在財報上的無形資產價值，就會出現在 Intel 的財報上了。

這樣的會計原則會讓兩家營業額差不多，但一家是靠併購，另一家是靠自我成長的公司，兩者在資產內容及資產總額上出現很大的差異。這個差異會令經營者、併購者及投資人都產生困惑。

對於問我這個問題的買家，我的回答是：

1. 大部分的學問都是不完美的，例如物理的諸多定理在黑洞面前就不適用了；台灣的公司法一修再修，每次修完隔天就挨罵；事實是，**依目前的會計原則，現在以及未來的財務報表，都不可能反映一家公司的真實價值**。

2. 要衡量一家公司的價值，我的建議是不要去看一家公司有多少財產，尤其是無形資產，因為無形資產的真正價值是隨時在變的，而是應該去「預測」這家公司一年能為公司賺多少錢，用 PE 比（本益比）或現金股利去計算這家公司應該值多少錢，然後再去微調其他因素對價格的影響。

對投資人而言，平時除了要注意 EPS 及股利金額，也要注意公司是否因為獲利或其他因素，要打掉一部分無形或有形資產的價值。當歐美的公司要打掉無形或有形資產時，常常是這家

公司準備砍股利了。以 GE（奇異集團）為例，它在 2018 年砍掉 230 億美元的無形資產後，立刻將每季的股利由 0.12 美元減到 0.01 美元，並立刻讓其股價跌掉 2/3。筆者寫這本書時，英國石油公司宣布 2020 年第 2 季準備打掉 135 億～ 150 億美元的資產，於是眾多分析師紛紛預測英國石油公司可能會調降股利。

我如果是一家公司的經營者，無論是因為策略需要，還是追求自我績效，只要時機是對的、標的是對的，公司體質是對的，我一定會勇於透過併購來讓公司成長。最主要的原因之一是，連會計原則都鼓勵併購，並且對併購提供「優厚的獎勵規定」。至於有多優厚？讀者可以回頭再看看本書第 5 章「生技醫療業財報解析」的詳細說明。

另一方面，如果遇到逆境，為了早日擺脫困境，我也會仿傚歐美公司的 CEO 從事大改革。大改革之一就是一次性的把以往情況好時不知道價值有多少的無形資產，甚至有形資產（例如設備價值等）一次性打掉，讓公司的「損失一次性認足」，以便「早日重生」。我們台灣的公司，根據我的觀察，大部分的 CEO 基於種種情緒性的考量，都沒有這種「可貴的魄力」。

看現金流狀況 可判斷公司前景

很多投資人跟我說，企業的財報都會作假，所以他們從來不看財報，只看現金流量表的「現金」。關於這一點，首先我要澄

清，**台灣上市櫃公司財務報表的正確率其實是非常、非常高**。因為台灣上市公司的財務報表，大多是國際大型會計師事務所在查帳，所謂「跑得了和尚跑不了廟」，為了捍衛自身名譽、執業證照以及免於被告到破產，會計師事務所在查帳方面是很認真的，出錯的機率雖然有，但其實不多。

台灣財報正確率值得相信的另一個原因是，主管機關金管會對於會計師的監督非常嚴謹，甚至事後的追責也很到位。

雖然我國的財報正確率很高，但很多人看不懂報表。看不懂報表其實有兩個原因。第一個原因是看不懂會計的基本架構，也不清楚產業，要克服這個問題，有賴自身的努力學習。

第二個原因是會計本身的不完美，就如同前文所言，兩家業務與規模相當的公司，一個是內生性成長型、一個外生性成長型，他們的資產內容與金額會有顯著不同，甚至連損益金額也會有重大差異（不懂的讀者可以參閱生技業財報一章）。所以很多人就會覺得怪怪的。

由於會計原則無法制定到完美，歐美很多證券分析師無法判斷無形資產及金融資產對損益表的影響，所以他們看企業每年的營業淨利時，往往也會對照現金流量表的現金，來判斷公司的前景。這是一個好方法。讀者不妨試試。

例如筆者最近打球時，和球友們就在推敲台積電的現金流

量。我們認為如果依照台積電法說會的說明，其 2020 年稅後淨利應該可以達到 4,700 億（EPS 18 元）以上，再加上折舊費用 3,000 億，台積電 2020 年營業活動的現金流量應該可以有 7,700 億左右。這筆錢應該可以支應 5,000 億左右的資本支出和 2,600 億的股息（每股 10 元）。另一方面，預期 2021 年起折舊費用會大增，可能損及 EPS，但是因為折舊費用不影響營業活動的現金流，如果 2021 年的資本支出不像 2019 及 2020 年那麼大的話，應該有增加股息的機會。至於美國的建廠支出才需要 120 億美元，而且分成 3～4 年支應，實在不值一提。

綜上，上市櫃公司財報有重大不實的情形非常少。但是會計原則的確存在不完美之處。我們可以用現流表來檢視公司的獲利品質，以及分配股利的能力。專注本業、經營品質良好的公司，通常會有穩定的營業活動現金流。這個現金流會和「稅前淨利＋折舊＋攤銷－支付所得稅」存在一個約當比率的關係。

投資人 Notes

- 會計的確不夠完美。正向的人會設法了解不完美的地方以及資訊所在，並善用這個資訊以便趨吉避凶。

- 我們可以用現流表來檢視公司的獲利品質，以及分配股利的能力。

大會計師教你從財報數字看懂產業本質

作者	張明輝
商周集團執行長	郭奕伶
視覺顧問	陳栩椿
商業周刊出版部	
總編輯	余幸娟
責任編輯	羅惠萍、潘玫均、涂逸凡
封面設計	FE設計 葉馥儀
設計完稿	邱介惠
出版發行	城邦文化事業股份有限公司-商業周刊
地址	115020台北市南港區昆陽街16號6樓
	電話：(02)2505-6789　傳真：(02)2503-6399
讀者服務專線	(02)2510-8888
商周集團網站服務信箱	mailbox@bwnet.com.tw
劃撥帳號	50003033
戶名	英屬蓋曼群島商家庭傳媒股份有限公司城邦分公司
網站	www.businessweekly.com.tw
香港發行所	城邦（香港）出版集團有限公司
	香港灣仔駱克道193號東超商業中心1樓
	電話：(852)25086231傳真：(852)25789337
	E-mail：hkcite@biznetvigator.com
製版印刷	中原造像股份有限公司
總經銷	聯合發行股份有限公司 電話：（02）2917-8022
初版1刷	2020年（民109年）8月
初版38刷	2024年（民113年）5月
定價	420元
ISBN	978-986-5519-13-1

國家圖書館出版品預行編目資料

大會計師教你從財報數字看懂產業本質 / 張明輝著. -- 初版. --
臺北市：城邦商業周刊, 2020.08
　面；　公分

ISBN 978-986-5519-13-1(平裝)

1.財務報表　2.財務分析

495.47　　　　　　　　　　　　　　　　109009458

金商道

The positive thinker sees the invisible, feels the intangible, and achieves the impossible.

惟正向思考者，能察於末見，感於無形，達於人所不能。 —— 佚名